Temas de Arquitectura actual 5 CERCAS Y VALLADOS

**«TEMAS DE ARQUITECTURA ACTUAL»**

Títulos publicados:

1. NUEVOS BARRIOS RESIDENCIALES
2. IGLESIAS Y CENTROS PARROQUIALES
3. CASAS UNIFAMILIARES CON PATIO
4. CASAS UNIFAMILIARES EN 12 PAISES
5. CERCAS Y VALLADOS

EDITORIAL GUSTAVO GILI, S. A.

Barcelona - 15 Rosellón, 87-89

| | |
|---|---|
| Madrid - 6 | Alcántara, 21 |
| Vigo | Marqués de Valladares, 47, 1.º |
| Bilbao - 1 | Colón de Larreátegui, 14, 2.º, izq. |
| Buenos Aires | Cochabamba, 154-158 |
| México D. F. | Hamburgo, 303 |
| Bogotá | Calle 22, núm. 6-28 |
| Santiago de Chile | B. O'Higgins, 151 |
| Sao Paulo | Rua 24 de Maio, núm. 35 |

# Cercas y vallados

por Dieter v. Schwarze

EDITORIAL GUSTAVO GILI, S. A. - BARCELONA

Título original: Zaun und Mauer
Versión española de C. Spieler, Ing. grad. Architekt



Printed in Spain

Dep. legal: B. 20661 - 1969

Imprenta Juvenil - Dr. Rizal, 14 - Barcelona-6

# Indice

## Texto



## Grabados

# Introducción

## Representación y falta de convivencia social

La cerca y el muro del jardín, el cercado de las propiedades privadas, tema principal de esta obra, es una realidad, aun siendo ésta deplorable.
En los países cuyo sistema social conoce la propiedad privada, un infortunado criterio la ha transformado en principio. Los cercados se someten muchas veces a un anhelo de ostentación mayor o menor, convirtiéndose entonces en «tarjeta de visita» de la propiedad.
El otro extremo es la «frontera agresiva». La parcela es un castillo: alambradas, muros coronados con cascotes de cristal y rótulos de aviso de perros peligrosos; más que obstáculos inaccesibles, esos elementos son el símbolo de una falta de convivencia social.
Entre estos dos extremos existe un intermedio o combinación de ambos. Generalmente no se tiene en cuenta el efecto que producen los cercados en una urbanización o particularmente en uno de sus edificios.

## Ordenanzas inservibles

Los ayuntamientos intentan evitar lo peor promulgando ordenanzas que generalmente no respetan los deseos y necesidades de los propietarios, ni son apropiadas para cortar el mal de raíz. Un ejemplo, semejante a otros muchos, lo ofrece el pasaje correspondiente al párrafo 21 de la Ordenanza municipal vigente en Munich, redactada el 23-XII-1959: «Los cercados orientados hacia zonas públicas y privadas no deben formar una superficie totalmente cerrada al exterior y deben armonizar con los alrededores respecto a altura, color y material.»
Aquí, con una sola frase se han anticipado decisiones que deberían tomarse para cada caso.

## No sólo un problema urbanístico

El cercado no es solamente un problema urbanístico. En las casas de campo aisladas, en las urbanizaciones de poca densidad, no se plantea la pregunta de construir o no un cercado; se trata sencillamente de buscar una forma adecuada. Lo mismo ocurre con aquellas urbanizaciones de gran densidad, donde el propietario, obligado por las disposiciones vigentes o bien con el fin de evitar las molestias de los vecinos, deberá buscar una forma de cercado acomodada a las circunstancias.

## Protecciones solar, visual y contra el viento

La cerca y el muro se encuentran representados en esta obra no sólo como estricto cercado sino también como protecciones solar, visual y contra el viento.
Estos elementos de protección forman parte integrante de la casa y por este motivo son generalmente proyectados por arquitectos, evitándose entonces soluciones mal concebidas. Por otra parte, condicionan con menor intensidad la imagen de conjunto de una urbanización.

## Venta total del suelo

El mal proviene de la propiedad privada. Cada vez más frecuentemente, el suelo es dividido en parcelas de cuya adición no puede resultar ninguna estructura urbanística admisible.
Las consecuencias son: construcciones sin carácter ni uniformidad, largas distancias a los lugares de trabajo, caos de tráfico, amas de casa exentas de comunicación social y familiar.
Tampoco este libro puede solucionar el problema, pero sí intentar ofrecer al lector lo mejor sobre el tema «la cerca y el muro».
No debe pensarse que cercados bien concebidos cambien radicalmente la imagen de una urbanización, pero sí pueden mejorarla.

# Cercas

Las cercas son estructuras de entramado de dos dimensiones, que generalmente no presentan una superficie cerrada. Se componen, por lo general, de elementos portantes, hincados en el suelo, debido a que su peso no es suficiente para aguantar la construcción.
Estructuras cerradas, por ejemplo de placas de gran tamaño, también reciben el nombre de cercas si están dotadas de elementos adicionales de sustentación.
Los casos intermedios entre cerca y muro están constituidos por placas con cimentación propia o por paneles verticales distanciados entre sí y dotados también de cimentación propia.
Combinaciones entre ambos antiguamente eran muy corrientes: pilares de fábrica de ladrillo, sostenidos por su propio peso, entre los cuales se colocaba una estructura de entramado.

## Cercas de madera

El material más utilizado en las cercas es la madera. Se distinguen tres tipos constructivos, además de combinaciones entre ellos y formas especiales, pudiéndose utilizar troncos, troncos de media caña, listones, tablas o tablones. Las maderas más empleadas son: abeto, alerce, fresno, roble, pino y acacia. Últimamente en Europa se emplean también con frecuencia maderas americanas y tropicales.

### Cercas de troncos no trabajados

Este tipo de cerca se compone de un entramado de troncos, con corteza, de 3 a 5 cm de diámetro. Sólo es aconsejable en zonas con abundante vegetación (sobre todo si éstas son de propiedad privada); de lo contrario, el precio del material no resulta proporcionado a los gastos de manutención y renovación de estas construcciones de poca vida. El agua de lluvia penetra en las cavidades de los nudos; debajo de la corteza, que se desprende con el tiempo, se forman hongos, se alojan parásitos y la madera no tarda en descomponerse. Generalmente no es posible una adecuada protección de la madera por impregnación.
Este tipo de cercado tiene un reducido campo de aplicación. Construcciones aisladas, cercanas a bosques, otras situadas en zonas de protección al paisaje o también refugios de montaña, entre otros, se cercan generalmente con entramados rústicos de troncos no trabajados. En grupos residenciales urbanos, semiurbanos o rurales no se emplea este tipo de cercado, ya que produce un efecto molesto y se aparta de la realidad. En esta obra no se han expuesto todas las construcciones posibles con troncos no trabajados, por coincidir éstos en sus rasgos principales con los grupos siguientes:

### Cercas de troncos trabajados

Son entramados de troncos o medias cañas sin corteza. Los travesaños y las estacas se pueden escuadrar y acepillar, siempre y cuando no se utilicen pilares de hormigón.
Todas las variantes posibles se basan en dos tipos:

Fig. 1

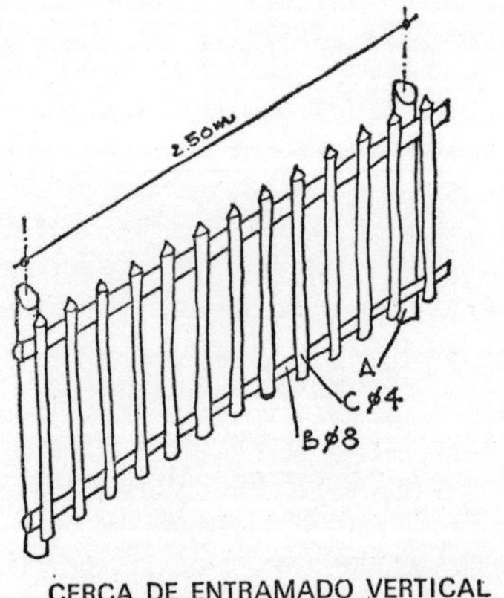


CERCA DE ENTRAMADO VERTICAL
A, ESTACAS; B, TRAVESAÑOS; C, MONTANTES

Fig. 2

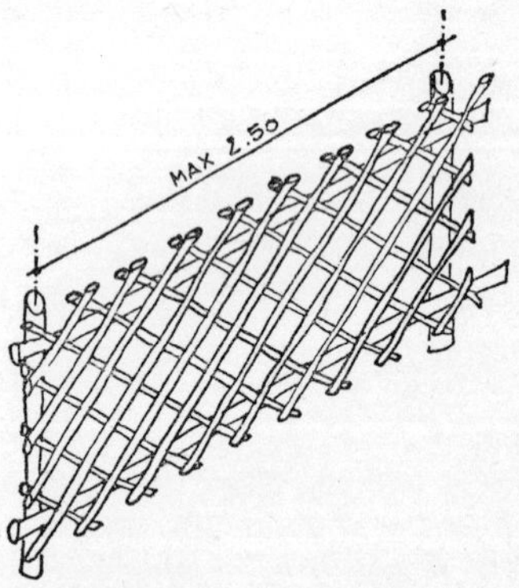


CERCA DE ENTRAMADO CRUZADO O DIAGONAL

| Altura de la cerca | 400 | 500 | 600 | 800 | 1000 | 1200 | 1500 mm |
|---|---|---|---|---|---|---|---|
| Longitud de las estacas | 900 | 1000 | 1250 | 1500 | 1650 | 1800 | 2250 mm |
| Diámetro de las estacas | 70-80 | 70-80 | 70-80 | 80-100 | 80-100 | 100-120 | 100-120 mm |
| Diámetro de los travesaños | 60-80 | 60-80 | 60-80 | 70-80 | 70-80 | 70-80 | 70-80 mm |
| Montantes | 30-50 | 30-50 | 30-50 | 40-60 | 40-60 | 40-60 | 40-60 mm |

Tabla para dimensionar cercas de entramado vertical

*Tipo 1. Cerca de entramado vertical* (fig. 1).
*Tipo 2. Cerca de entramado cruzado o diagonal* (fig. 2).
Ambos tipos pueden construirse o bien se pueden adquirir totalmente acabados e impregnados, de diferentes alturas y longitudes. La producción industrial es más ventajosa porque, antes del montaje, los elementos constitutivos (estacas, travesaños y elementos de relleno) son impregnados a presión, otorgándoles así mayor duración. (Hay casas que garantizan una duración de 25 años para estacas y travesaños.) Es aconsejable impregnar la madera cada dos años (véase «Conservación de la madera»).
La madera más adecuada para los elementos de relleno es la de abeto y abeto rojo, y para estacas y travesaños, roble o alerce (también puede utilizarse robinia, fresno o pino).

*Tipo 1*

La cerca de entramado vertical se vende, totalmente acabada e impregnada, en tramos de 2,50 m de longitud. Por motivos de duración, es aconsejable utilizar troncos de media caña para los travesaños y elementos de relleno. La construcción artesana permite determinar la disposición de los montantes y por tanto la transparencia del cercado (véase fig. 12, pág. 44). La distancia entre el suelo y la base de la cerca no debe ser inferior a 50 mm.

*Tipo 2*

La cerca de entramado cruzado o diagonal se vende, también totalmente acabada e impregnada, en tramos de hasta 3 m de longitud y de 40 cm y 1,20 m de altura. Cuanto mayor es la longitud de los tramos, distancia entre dos estacas, tanto menor es la altura de la cerca. La longitud de las estacas se calcula por la altura de la cerca más 60 hasta 80 cm de hincamiento en el suelo. Los diámetros de las estacas y travesaños son los mismos que los correspondientes a las cercas de entramado vertical.

*Construcción*

Aun con la mejor impregnación, la madera expuesta a la intemperie está siempre expuesta a la putrefacción. En el montaje debe evitarse todo aquello que pueda acumular agua de lluvia. Especialmente peligrosos son los ensambles. La totalidad de la madera debe estar expuesta al aire, con el fin de poder secarse con rapidez después de una lluvia. Sobre todo debe tenerse en cuenta:
Los elementos de relleno deben ser fijados a los travesaños por medio de clavos inoxidables cincados al fuego, de forma que entre ambos quede un espacio libre de 1-2 mm. Con el fin de no resquebrar la madera en los puntos de fijación, los clavos deben penetrar inclinados, acercándose sus puntas (fig. 6). La madera de testa, es decir, la superficie cortada transversalmente respecto a la dirección de las fibras, es también una zona muy peligrosa. El sistema capilar de la madera, que durante la vida del árbol tiene la función de transportar a las hojas el agua absorbida por las raíces, se comporta como una esponja en contacto con el agua. Incluso la madera debidamente impregnada absorbe agua a través de la madera de testa y el proceso de putrefacción se desarrolla desde el interior. Para evitarlo, los terminales de las estacas y de los elementos de relleno se

Fig. 3

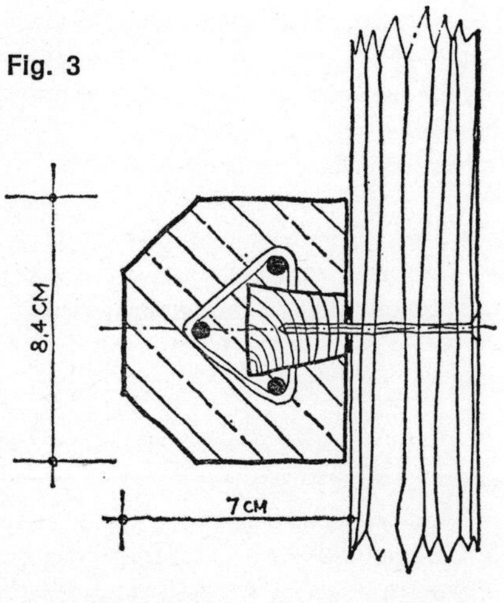


TRAVESAÑO DE HORMIGON PREFABRICADO EN UNA CERCA DE ENTRAMADO VERTICAL

Fig. 4

CERCA «APPEL». MONTANTES FIJADOS CON ALAMBRE. SE SUMINISTRA EN ROLLOS

Fig. 5

TIPO DE PUERTA USUAL PARA CERCADOS DE MADERA

Fig. 6

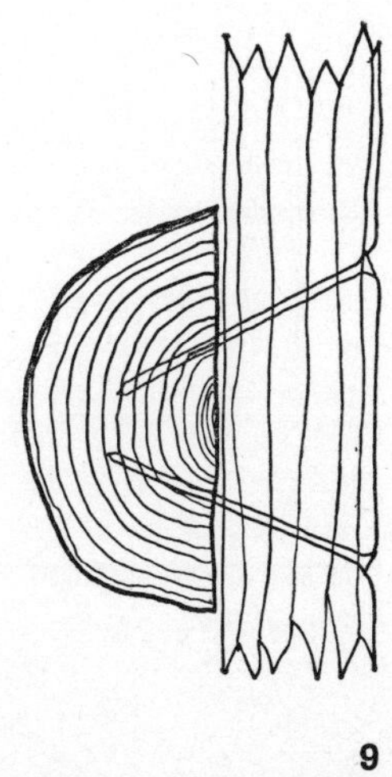

biselan, afilan o redondean; de esta forma, el agua, al no permanecer sobre la superficie, no puede ser absorbida por el sistema capilar.
Muchas veces, sobre la madera de testa se fijan tablas y chapas o bien las partes peligrosas se impregnan con alquitrán o betún, pero ambas medidas preventivas son poco estéticas.
Los puntales son de suma importancia para la solidez de la construcción. Si son de madera, lo cual, por motivos estéticos, parece ser lo más apropiado, deben tratarse con impregnantes; sobre todo, la parte hincada en el suelo.
No es recomendable hincar los puntales a presión; los terminales se rompen con facilidad y la humedad puede penetrar entonces a través de la fractura. Lo más adecuado es levantar la tierra hasta una profundidad de aproximadamente 75 cm, acuñándolos luego (transversalmente respecto a la dirección de la cerca debido a la presión del viento) con algunas piedras. Después de una alineación exacta de la cerca, por medio de una cuerda tensada desde el primero al último puntal o bien por señalización óptica, se rellenan las excavaciones con arcilla o barro de esta forma, el terminal del montante introducido en el suelo queda privado del contacto con el aire y se evita la putrefacción.
La parte de la estaca inmediata al nivel del terreno es la más castigada por los agentes atmosféricos. Las variaciones de humedad en contacto con el aire facilitan mucho la putrefacción. Aquí la mejor impregnación y el más cuidadoso relleno con arcilla o barro no ofrecen protección suficiente. La única construcción segura, que por otra parte representa un encarecimiento considerable, es la siguiente: la estaca se fija con tornillos a dos hierros planos empotrados en un cimiento de hormigón. Entre la base de la estaca y la superficie del terreno o cimentación debe dejarse un espacio libre de 50 mm como mínimo. De esta forma, el aire seca con rapidez las superficies mojadas (fig. 7).
Los travesaños se colocan generalmente de forma que la distancia al terminal y a la base de los puntales sea de 1/4 a 1/5 de su longitud. En cercas de mayor altura se reduce la distancia. Este modo de proceder carece de explicación constructiva (véase el ejemplo 10, pág. 43). A menudo, los travesaños se fijan a las estacas por medio de hierros planos, especialmente, si estos últimos son de acero u hormigón.

Fig. 7

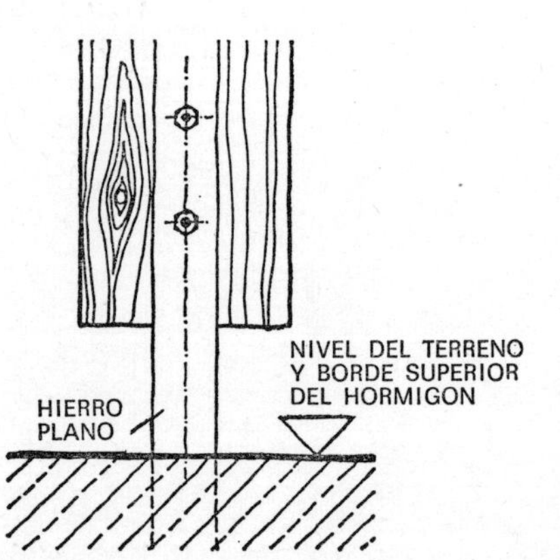


Fig. 8

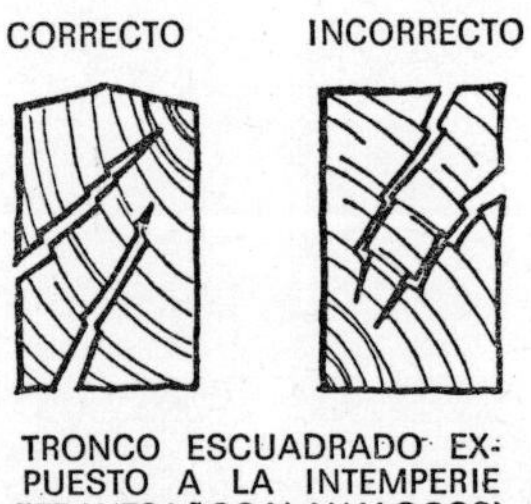

TRONCO ESCUADRADO EXPUESTO A LA INTEMPERIE (TRAVESAÑOS Y ANALOGOS)

Al igual que en la construcción de la figura 7, se debe evitar que madera y hierro entren en contacto. Lo más adecuado es colocar entre ellos pequeñas planchas de plomo; esto garantiza la circulación de aire y la madera puede secarse.
Los hierros planos deben atornillarse en la base inferior de los travesaños, de lo contrario, a lo largo de los tornillos horizontales penetra humedad y aparece la putrefacción.

*Protección de la madera*

Las cercas de madera precisan de una esmerada protección a base de soluciones antiputrescentes. Se distinguen cinco tipos de impregnación: 1. Impregnación superficial (no se persigue penetración), 2. Impregnación periférica (penetración de sólo milímetros), 3. Impregnación profunda (penetración de centímetros; mínima: 10 mm), 4. Impregnación total (tratamiento de la totalidad de la madera), 5. Impregnación parcial (impregnación total, limitada a algunas zonas de peligro). En cercas de madera debe utilizarse el tipo de impregnación profunda; los terminales de las estacas deberían recibir una impregnación total.
Cada propietario puede supervisar siempre la calidad de la impregnación. El contratista que facilita la madera extrae en presencia del propietario pruebas, de maderas escogidas al azar, por medio de fresadoras o brocas. La penetración de la impregnación se conoce gracias a la coloración de la prueba. Además, el propietario puede exigir un certificado del impregnante utilizado; éste debe ser examinado y reconocido por la «Comisión comprobadora de impregnantes».
Se distinguen dos tipos de impregnantes: hidrosolubles y oleosos. Mientras los preparados oleosos sólo pueden ser utilizados para madera seca (a lo más semiseca), los hidrosolubles son adecuados tanto para la madera seca como para la semiseca o verde.
En la elección del impregnante debe tenerse en cuenta que algunos preparados son perjudiciales para las plantas (carbolíneo) y que otros, en cambio, corroen los metales. Para encontrar el preparado apropiado a cada caso, el propietario debería consultar a un especialista experimentado en la materia.
Los métodos de impregnación más usuales para cercas son: impregnación a brocha, a pistola, por inmersión, en artesa e impregnación neumática. Las cercas de fabricación artesana se impregnan a brocha o a pistola; en las de fabricación industrial, debería exigirse que la madera haya recibido una impregnación en artesa, o, mejor, neumática; con los otros sistemas generalmente sólo se alcanza una protección periférica insuficiente.
Las impregnaciones a brocha y a pistola requieren dos fases de trabajo. Primero debe aplicarse el impregnante hasta que la superficie empiece a gotear. Una vez el preparado haya sido embebido por la madera puede aplicarse la segunda y última capa. Es aconsejable, cada dos hasta cuatro años —según lo fabricado— volver a impregnar la superficie.

**Cercas de madera escuadrada**

Son estructuras de entramado, compuestas de elementos escuadrados y acepillados. Los montantes y los travesaños pueden ser de madera o metal (más raramente de elementos prefabricados de hormigón).

En Europa, las cercas de madera escuadrada no se construyen industrialmente.

Además de los tipos básicos

*Tipo 1. Cerca con listones verticales (entramado vertical)*
*Tipo 2. Cerca con tablas o tablones verticales*
*Tipo 3. Cerca con tablas o tablones horizontales*

son posibles gran cantidad de variaciones.

La madera escuadrada y acepillada inclina frecuentemente a utilizar complicados ensambles y construcciones o perfiles demasiado delgados. Para las cercas de madera escuadrada valen las mismas directrices mencionadas para las construcciones con troncos trabajados. Los ensambles de espiga y en general los que carecen de espacio libre intermedio, empotramientos de herrajes, etc., deben evitarse necesariamente.

El proyecto y la construcción de cercas escuadradas presupone experiencia arquitectónica y artesana. Aquí el «hágaselo usted mismo» no compensa.

Sobre el impregnado, pero sin entrar en detalles, puede decirse que los barnices para el exterior, incoloros o no, que hoy ofrece la industria, son productos que dan buenos resultados. El tratamiento preliminar, la primera capa y la fabricación adecuada, deberían ser escogidos para cada caso por un especialista. Cada dos años la madera debería recibir un nuevo impregnado.

#### Formas especiales

Cercas de tejido se encuentran en Inglaterra y en los países escandinavos. En Europa central este tipo de cercado, bonito y económico, apenas es conocido. Se distinguen tres tipos de cercas de tejido:

*Tipo 1. Cerca de tejido con «trama» horizontal* (fig. 9)
*Tipo 2. Cerca de tejido con «trama» vertical* (fig. 10)
*Tipo 3. Cerca de tejido con «trama» inclinada y «urdimbre» inclinada* (fig. 11).

La terminología «trama» y «urdimbre» proviene del vocabulario técnico del tejedor. La «urdimbre» consta de un trenzado de varillas, en el que se entrecruzan otras flexibles, la «trama».

Este entramado no está diferenciado en partes portantes y carentes de esta función (como en las cercas de madera en estacas, travesaños, montantes); por el contrario, ofrece el aspecto de una placa autoportante, hincada en el suelo.

Frecuentemente, el trenzado se teje con mimbre verde y éste echa raíces. Después de un tiempo, la cerca se convierte en un seto impenetrable, que no precisa de más cuidados.

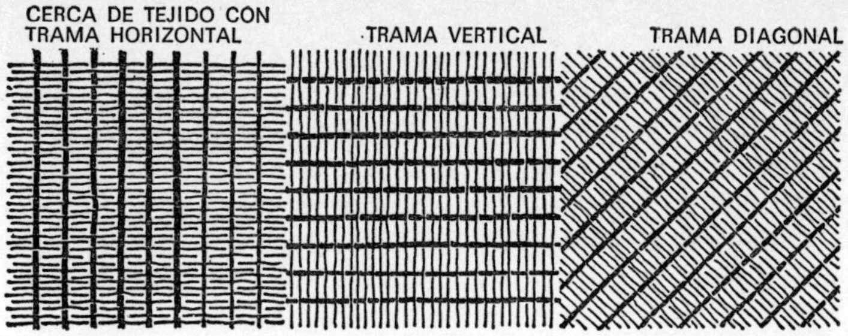


Fig. 9 Fig. 10 Fig. 11

Las cercas de tejido se construyen también con troncos delgados, no trabajados, o con virutas aserradas (véanse los grabados 38 y 39 de la página 58).

## Cercas de fibrocemento

El fibrocemento resulta de la mezcla de fibras de amianto, cemento, agregados que contienen ácido silícico y agua. La industria fabrica placas de fibrocemento de diferentes formas y perfiles.

Este material, resistente a la intemperie (inalterable bajo la acción de heladas y calor), es muy apropiado para la construcción de cercados. El montaje es sencillo y no precisa de cuidados para su conservación. Los tipos de cercado con elementos de fibrocemento, que no precisan de construcción portante, pueden ser construidos sin ayuda de mano de obra, pues entonces el montaje (serrar, taladrar, etc.) es factible sin herramientas especiales.

Normalmente las placas de fibrocemento son de color gris claro, pero se fabrican también en otras tonalidades y también pueden pintarse.

Se diferencian tres grupos de cercados de fibrocemento:

#### Cercados con perfiles de ataguía u ondulados

Gracias al perfil ondulado (fig. 12, perfil 8 como ejemplo) o al que muestra la figura 13 (perfil de ataguía 805 como ejemplo), la placa de fibrocemento, normalmente de un espesor entre 5 y 6 mm, recibe en dirección al eje del perfil una gran indeformabilidad, pudiéndose sólo doblar perpendicularmente a su eje.

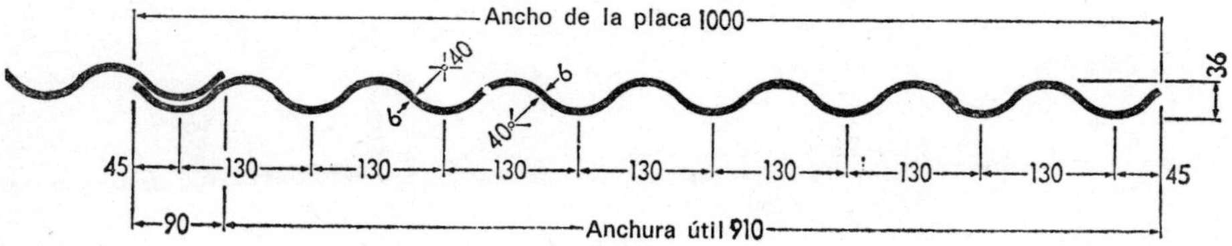


Fig. 12

Fig. 13

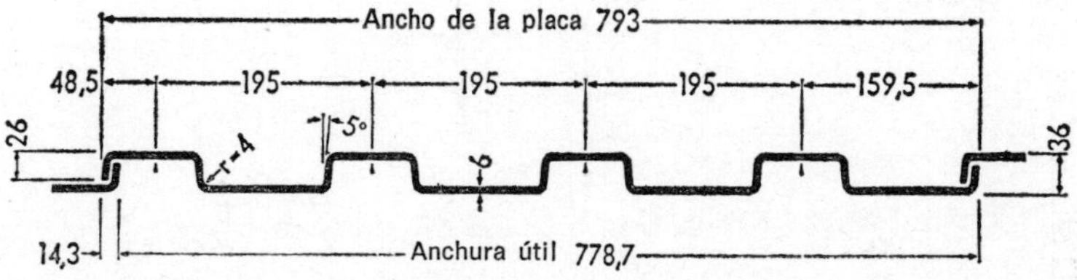

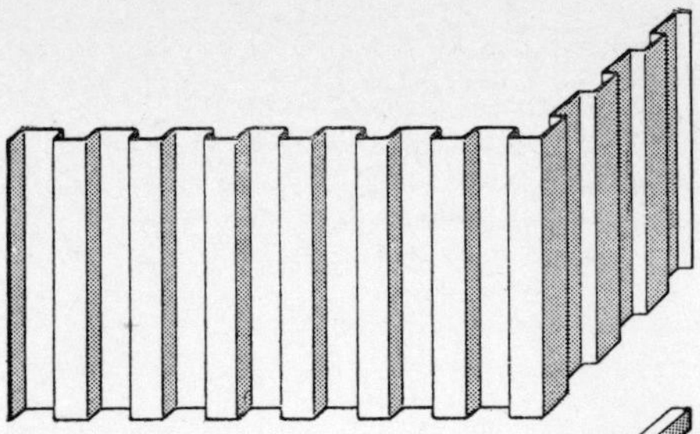

Fig. 14
Perfil de ataguía vertical

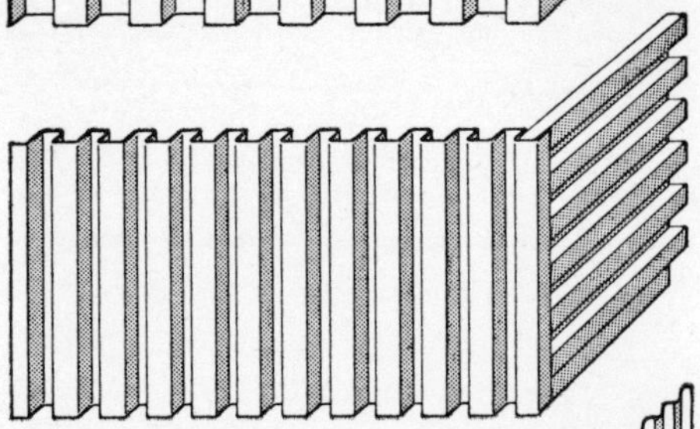

Fig. 15
Perfil de ataguía vertical y horizontal

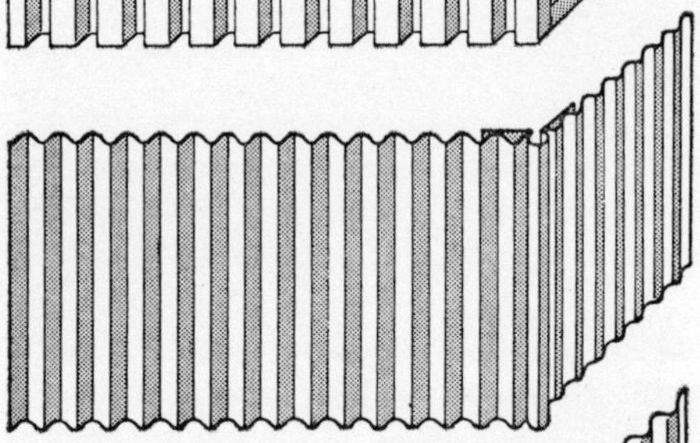

Fig. 16
Perfil ondulado 14 vertical

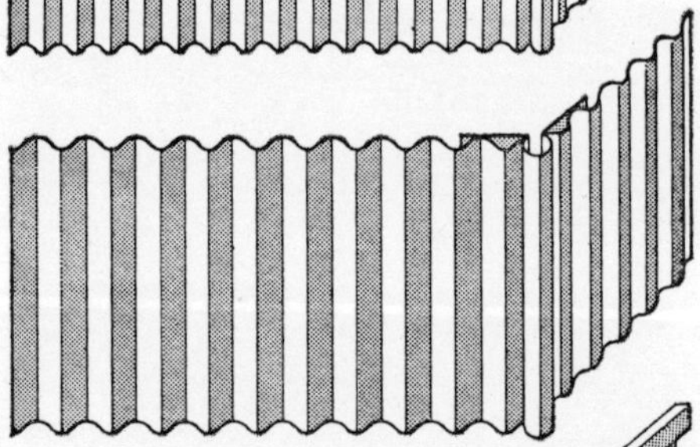

Fig. 17
Perfil ondulado 8 vertical

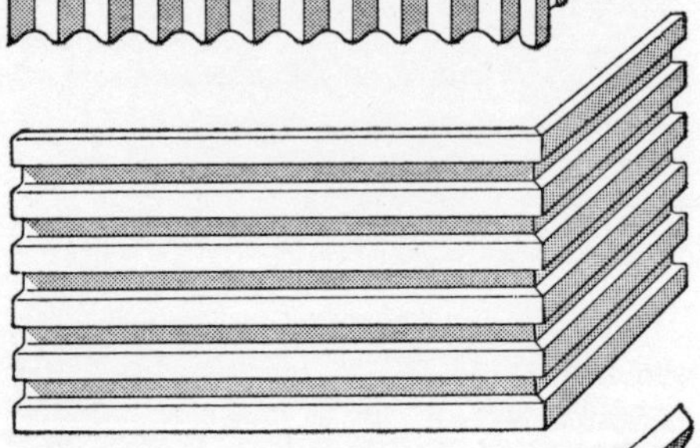

Fig. 18
Perfil de ataguía horizontal

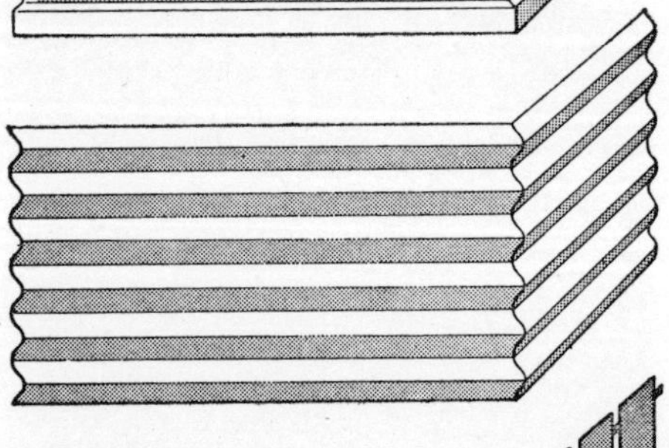

Fig. 19
Perfil ondulado 5 ó 6 horizontal

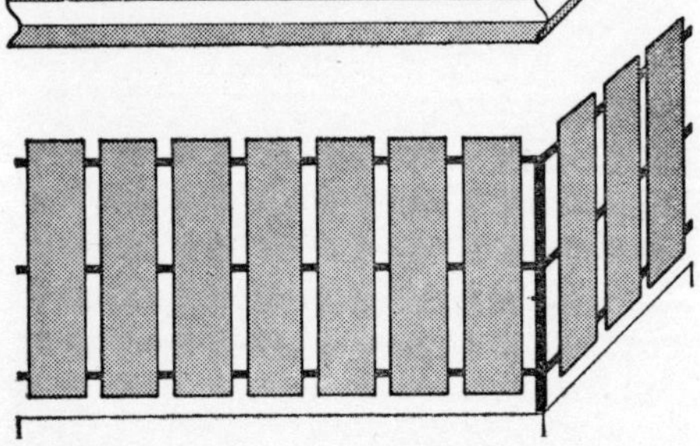

Fig. 20
Placas planas

*Perfiles verticales*

Aprovechando esta propiedad estática, pueden construirse cercas de fibrocemento, de relativa gran altura (hasta 2 m), sin construcción portante. Las placas, con el perfil orientado verticalmente, son empotradas en una cimentación de hormigón magro; ésta debe alcanzar una profundidad libre de heladas (figuras 14, 16, 17 y el grabado 50 de la página 63). Para las esquinas son necesarios perfiles especiales (figs. 21 y 22), que se atornillan a las placas.

*Cercas con los perfiles orientados vertical y horizontalmente*

Con perfiles de ataguía pueden construirse superficies de gran variedad, cambiando la orientación del perfil en cada esquina. La placa con el perfil orientado horizontalmente se fija, de la forma que muestra la figura 15, en la última hendidura de la placa contigua de perfil orientado verticalmente. Con esta construcción se consiguen esquinas perfectas sin necesidad de utilizar perfiles angulares (fig. 22).

*Cercas con el perfil orientado horizontalmente*

Si se desea una orientación horizontal del perfil de las placas, es necesaria una construcción portante, pues las placas así colocadas no son resistentes a la flexión. Las placas de fibrocemento se pueden atornillar a una estructura de acero, hincada en una cimentación de hormigón. Por un lado, la estructura no es visible, pero, por el otro, generalmente el orientado al interior estorba ópticamente (véase el grabado 44 en la página 60). Otra posibilidad es concebir la estructura portante como división óptica de la cerca: los terminales de las placas de perfil ondulado o de ataguía se introducen por arriba en perfiles de doble T cimentados en hormigón «in situ» (véase los grabados 48 y 49 de las páginas 62 y 63).

**Placas planas**

Las placas planas de fibrocemento permiten construir gran número de tipos de cercado. Todos ellos precisan de una estructura portante, que generalmente es de acero. La figura 20 muestra una construcción que recuerda las de entramado vertical de madera. En general, tales cercados no son estéticamente satisfactorios, pues las placas de perfil plano carecen de fuerza

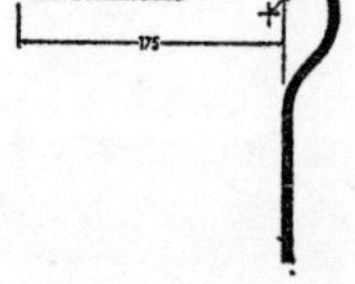

Fig. 21
Pieza de esquina para el perfil 8

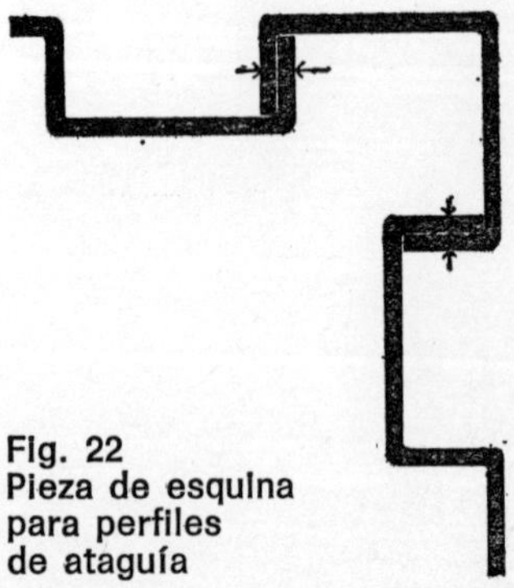

Fig. 22
Pieza de esquina para perfiles de ataguía

expresiva. Por otra parte, no compensa el coste que requiere su construcción. Incluso en cercas de escasa altura, además de las fijaciones superiores e inferiores, se precisa otra central, para evitar la flexión de las delgadas placas.

### Formas especiales

La industria ofrece un gran número de productos de fibrocemento, como: tuberías, macetas, perfiles laminares U, etc. Con estos elementos, proyectados para otros fines, se han creado construcciones muy personales (véanse los grabados 46 en página 61 y 52 en página 64). La utilidad de estas formas especiales para cercados está condicionada al precio de los elementos escogidos. En general, estos intentos sólo son aconsejables para pantallas de protección visual en terrazas.

## Cercas de vidrio

El vidrio es un producto de fundición de materias minerales enfriadas, sin formar cristales, es decir, un líquido sobreenfriado, extremadamente tenaz. Las materias primas son generalmente: arena de cuarzo, piedra caliza o espato calizo, dolomita, sosa y sulfato sódico.

### Vidrio colado

El vidrio colado es de especial interés para este tema. Es fundido y laminado a máquina y se encuentra en el mercado con superficies estructuradas en una o en ambas caras, y con armadura de alambre o sin ella. Según la estructuración, se distinguen el vidrio en bruto y el ornamentado.
La anchura máxima es de 2 m, la longitud máxima varía según el fabricante.

*Espesores y medidas del vidrio colado (según Henn)*

| | Vidrio colado liso | Vidrio armado, liso o impreso | Vidrio impreso |
|---|---|---|---|
| Espesores corrientes en mm | 4-6<br>6-7<br>7-9<br>9-10 | 4-6<br>6-8<br>8-10 | 3-4<br>4-6<br>6-7<br>7-9 |
| Medidas de almacén en cm (según el tipo de fabricación) | Longitud:<br>Anchura: | 201, 210, 360, 420, 450<br>126, 150, 180, 200 | |

*Vidrio Impreso*

Vidrio colado con ornamentación en una o en ambas caras. A esta clase pertenecen los vidrios con especial efecto dispersor o desviador (ondulado, «diffulit», «lichtstreuglas», etc.).

*Vidrio armado*

Vidrio colado y laminado, liso, con armadura de alambre. Los vidrios impresos armados son vidrios impresos provistos de armadura. Especialmente apropiados para cercados, debido a sus elevadas propiedades de seguridad (sin desprendimiento de esquirlas, seguros contra el robo).

*Vidrio colado liso*

No es transparente, pero da buena luz dispersa.

*Construcción*

La construcción más común consta de una estructura portante de acero, que lleva el vidrio. Los montantes descansan sobre cimientos; éstos deben alcanzar una profundidad libre de heladas. Por medio de una adecuada fijación del vidrio en los montantes (véanse los grabados de las páginas 66 y 70) ha de conseguirse que los movimientos de la estructura debidos a asentamientos del terreno no produzcan ningún efecto sobre el vidrio. La estructura portante puede concebirse de forma que las láminas de vidrio sólo estén sujetas lateralmente (véanse los grabados 56 y 57 de las páginas 68 y 69).
También son posibles fijaciones puntuales, pero éstas proporcionan dificultades constructivas, pues cargas puntuales (que en el vidrio colocado al exterior deben evitarse) sólo difícilmente pueden excluirse.

*Proyecto*

Las cercas de vidrio son poco comunes en cercados de solares. Las grandes superficies necesarias resultan demasiado caras y la construcción es demasiado complicada en comparación con los tipos usuales. Además, el peligro de los desperfectos es demasiado grande.
Las cercas de vidrio son más adecuadas para cerramientos o delimitaciones exteriores de pequeñas dimensiones; así, en casas con atrio, como mamparas de protección visual y contra el viento en terrazas y clases de enseñanza al aire libre y sobre todo como elementos de separación entre estrechas parcelas de casas alineadas (véase grabado 55 en página 67). Aquí las ventajas (total protección visual acompañada de máxima transparencia) compensan las desventajas de los altos precios y complicadas construcciones. Por motivos de estética se recomienda que las láminas de vidrio estén levantadas sobre el terreno a 20 cm aproximadamente.

### Clases de vidrio menos empleadas

En las estructuras portantes anteriormente descritas y mostradas mediante ejemplos en la parte de grabados del libro, pueden montarse también otras clases de vidrios colados. Entre ellos, los más utilizados son:

*Vidrios de seguridad*

*1. Vidrio de seguridad compuesto* (Multiplex). Éste se utilizará únicamente si se desea obtener una gran protección contra accidentes o robo. De otro modo, los costes serían demasiado

elevados. Además, esta clase de cristal sólo se encuentra en el mercado como luna o vidrio estirado (o sea, totalmente transparente). Dos (o más) láminas de vidrio se acoplan con una (o varias) capas intermedias elásticas que evitan el desprendimiento de esquirlas. En el vidrio compuesto armado la capa intermedia se compone de una armadura de alambres, paralelos o cruzados, de 0,17 mm de diámetro.
El vidrio compuesto, de tres o más láminas de vidrio, con capas intermedias de gran elasticidad y un espesor total mínimo de 25 mm es resistente a los efectos de las armas de fuego manuales.
Los vidrios compuestos, de más de dos láminas, no pueden cortarse, pero sí taladrarse.

*Espesores y medidas de los vidrios de seguridad compuestos (según Henn)*

| | Espesor mm | Medidas máximas cm |
|---|---|---|
| Vidrio compuesto | 3 - 8 | 150×300 |
| Vidrio compuesto armado | 6 - 24 | 150×300<br>246×351 |
| Vidrio acorazado | 25 - 28<br>28 - 32 | 246×351<br>201×351 |

*2. Vidrio de seguridad templado o inastillable* («Sekurit», «Duro»). Sólo tiene sentido aplicarlo allí donde se exijan elevadas resistencias a la flexión, a las variaciones de temperatura y a los golpes.
El vidrio de seguridad templado es una luna, de una sola lámina, que por tratamiento térmico especial (pretensado o temple) resulta inastillable. Después del templado es imposible trabajarlo.

*Espesores y medidas de los vidrios de seguridad templados (según Henn)*

| | Espesor mm | Medidas máximas y mínimas cm | |
|---|---|---|---|
| Sekurit | 4,5 - 6 | 20×150 | 110×250 |
| | 6 - 10 | 20×150 | 110×250 |
| | 10 - 12 | 15×260 | 160×260 |
| Duro | 4,5 - 6 | 70×210 | 110×150 |
| | 6 - 10 | 90×220 | 140×220 |
| | 10 - 12 | 150×220 | 180×320 |

*Plexiglás*

Con este material, fabricado a base de resina metacrílica y ópticamente similar al vidrio, se excluye el peligro de accidentes por rotura gracias a su elevada elasticidad. Incoloro, transparente, translúcido, de color u opaco, se encuentra en planchas lisas y onduladas. Éstas se fijan en la estructura portante al igual que el vidrio. Inconvenientes: se inflama y arde a 400°, es atacado por disolventes orgánicos (acetona, benzol) y se deteriora por acciones mecánicas (rascaduras, golpes).

**Formas especiales**

*Elementos de vidrio*

Los elementos de vidrio sin pulir, de perfil U (vidrios «Profilit»), de longitud máxima, 5 m y ancho, 22, 25 ó 50 cm, armados o sin armar y fabricados para construcciones industriales, son muy apropiados para mamparas de protección contra el viento y la vista. Las construcciones posibles (colocación en una estructura de acero o sin estructura portante sobre un cimiento de hormigón, como en las cercas de fibrocemento con perfil orientado verticalmente, véase pág. 63) todavía no han sido empleadas para el exterior.

*Vidrio ondulado armado*

Estas planchas onduladas, no transparentes, pero sí translúcidas, están adaptadas a los perfiles ondulados de fibrocemento, pudiéndose emplear ambos en combinación para la construcción de cercas.

## Cercas metálicas

La definición se desprende de ambas palabras: entramados metálicos bidimensionales. Para la mayoría de los tipos existentes resulta la siguiente agrupación:
*I Cercas de tela metálica o de metal desplegado*
*II Entramados de hierro forjado*
*III Entramados de perfiles industriales*
El número de los tipos no comprendidos dentro de esta agrupación es grande. Pero debido a que la construcción con metal permite una libertad indefinida no cabe más que crear una ordenación según las formas más utilizadas.
Los materiales más empleados para cercas metálicas son el acero (en forma de alambre, hierro forjado y perfiles industriales — más raramente de chapa) y el aluminio (en las mismas formas que el acero).

Arriba: Figs. 23, 24
Abajo: Figs. 25, 26

ARRIBA: TELAS METALICAS (CUADRADA Y HEXAGONAL). ABAJO: ALAMBRE ONDULADO Y METAL DESPLEGADO

## Cercas de tela metálica y de metal desplegado

Existen tres formas de telas metálicas:
*a)* Tela metálica de mallas cuadradas (fig. 23),
*b)* Tela metálica de mallas hexagonales (fig. 24),
*c)* Tela metálica de alambre ondulado (fig. 25).
El ancho normal de las mallas de las telas metálicas es de 4,0-5,5 cm. El metal desplegado (fig. 26), compuesto de chapa troquelada y estirada posteriormente, se parece a las telas metálicas.

### *Cerca de tela metálica continua*

La económica tela metálica continua de alambre está muy difundida (fig. 27). Se encuentra en el mercado con malla cuadrada o hexagonal (figs. 23 y 24) en rollos de cualquier longitud y puede fijarse en sencillas estacas por medio de grapas. Mejor es utilizar perfiles redondos de acero (Ø aproximadamente 5 cm), dotados de una base e hincados en el suelo o bien empotrados en cimientos de hormigón magro. Para grandes alturas (por encima de 1 m) se precisan tres alambres tensados (arriba, en el centro y abajo), que evitan la flexión de la superficie.
Este tipo de cerca en unión a un seto es, por motivos de estética y económicos, muy recomendable para el cercado de parcelas privadas. Al cabo de pocos años, el seto oculta la tela metálica y asume las funciones de cercado, no precisando entonces de más cuidados.
Es aconsejable hincar la tela metálica 10 cm en el suelo para evitar cualquier intrusión en el solar.
El alambrado se suministra cincado al fuego o revestido de plástico (protección contra la corrosión). Alambradas de aluminio no precisan de protección anticorrosiva.

Para cercas de tela metálica en unión a un seto basta un alambrado cincado al fuego. Cuando el seto ha crecido, la cerca metálica queda oculta y puede oxidarse en su interior.
Para alambradas al descubierto sólo son apropiadas las telas metálicas de aluminio o de acero revestido de plástico; aun considerando su funcionalismo y su bajo coste, por motivos de estética ambos materiales no deberían emplearse para cercados de parcelas privadas.

### *Cercas de tela metálica no continua*

Para completar más aún este tipo de cerca de poca belleza, la construcción, cara pero duradera, se compone de elementos verticales portantes, de acero u hormigón y de tramos de tela metálica de malla cuadrada o hexagonal, de alambrado ondulado o de metal desplegado, fijados en marcos también metálicos de perfil angular.

### *Elementos verticales portantes*

Por motivos de composición, en cercas donde la tela metálica queda oculta por un seto es recomendable utilizar estacas. Cuando alambrado y seto no forman unidad, pueden emplearse también, además de la madera, otros materiales. Si se trata únicamente de un alambrado —tipo de cercado propio de fábricas, zonas deportivas, aparcamientos y afines— el portal que da acceso a la parcela puede ser, al igual que la cerca, de tela metálica (véase fig. 29). Para pequeños tramos es aconsejable utilizar alambre ondulado o metal desplegado, porque los restantes tipos de tela metálica no se tensan con facilidad.

Figs. 27, 28

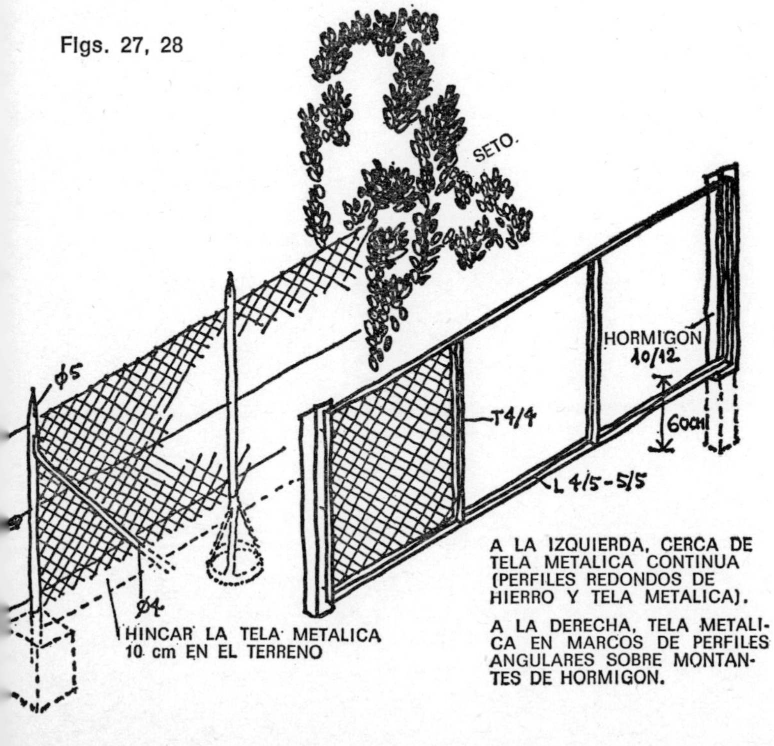


A LA IZQUIERDA, CERCA DE TELA METALICA CONTINUA (PERFILES REDONDOS DE HIERRO Y TELA METALICA).
A LA DERECHA, TELA METALICA EN MARCOS DE PERFILES ANGULARES SOBRE MONTANTES DE HORMIGON.

Figs. 29, 30

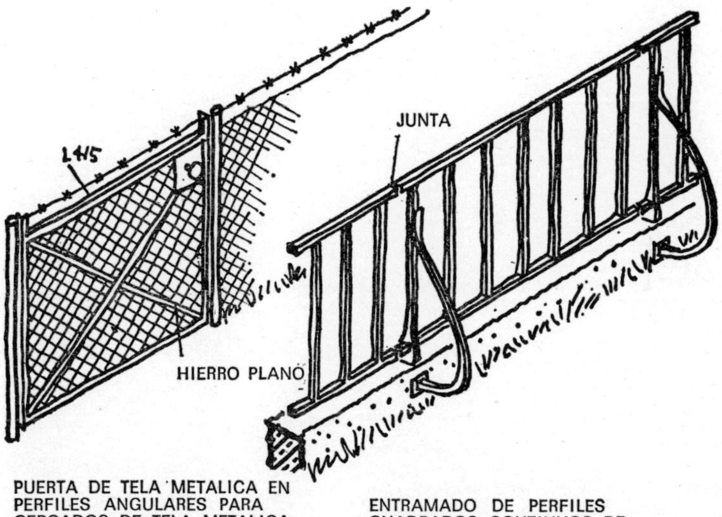


PUERTA DE TELA METALICA EN PERFILES ANGULARES PARA CERCADOS DE TELA METALICA CONTINUA. ABSURDA Y ANTIESTETICA PROTECCION CON ALAMBRE DE ESPINO

ENTRAMADO DE PERFILES CUADRADOS CONTINUOS DE HIERRO FORJADO. ESTABILIDAD POR MEDIO DE PUNTALES FIJADOS EN EL ZOCALO.

### Estructuras de entramado de hierro forjado

Hoy, los entramados artísticos de hierro forjado, utilizados antaño para el cercado de propiedades privadas, ya no pueden construirse económicamente, empleándose sólo por motivos de ostentación; raras veces se consiguen buenas soluciones, y se utilizan únicamente para portales y elementos verticales portantes de los cercados. Si se emplea hierro forjado, son aconsejables estructuras sencillas de perfiles cuadrados o redondos (fig. 30). Los perfiles industriales permiten soluciones más económicas y de construcción más sencilla.

Figs. 31, 32

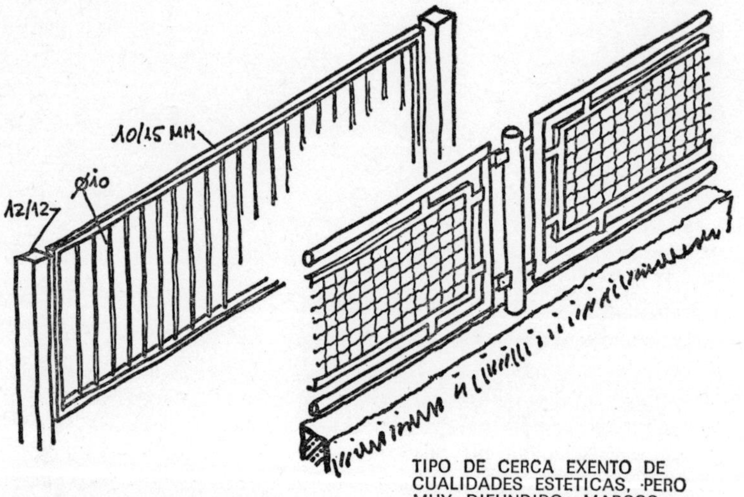


ENTRAMADO DE HIERRO FORJADO O PERFILES INDUSTRIALES, COLOCADO ENTRE MONTANTES DE HORMIGON PREFABRICADO

TIPO DE CERCA EXENTO DE CUALIDADES ESTETICAS, PERO MUY DIFUNDIDO. MARCOS CON CERRAMIENTO DE TELA METALICA DE ALAMBRE ONDULADO, ENTRE MONTANTES DE TUBO DE ACERO.

### Estructuras de entramado con perfiles industriales

Las cercas de perfiles industriales (perfiles huecos redondos y cuadrados, perfiles angulares, hierro plano, etc.) pueden ser de entramado continuo (análogo fig. 30) o dividido en tramos. Las estructuras continuas precisan elementos portantes laterales para dar estabilidad al cercado. Es recomendable que los zócalos sean de fábrica de ladrillo o de hormigón. En entramados discontinuos, la estabilidad se consigue por medio de tubos de acero (fig. 32), perfiles delgados de hormigón prefabricado (fig. 31), o por medio de pilares de fábrica de ladrillo. Este último tipo de cercado, al igual que las construcciones con tramos de alambre ondulado o metal desplegado en perfiles de hierro, es una solución muy divulgada, pero carente de belleza.

### Formas especiales

Muy poco conocidos aún en Europa son los tipos de cercas que se construyen en EE. UU., compuestos de chapas troqueladas de gran tamaño, unidas entre sí por medio de perfiles portantes. Su técnica está más adelantada que su forma. En un futuro próximo el tema «cercado» puede recibir de ahí nuevos impulsos.

## Cercas de material sintético

La importancia de los materiales sintéticos aumenta considerablemente en la industria constructora. Seguramente debido a la escasa demanda, únicamente en los cercados es donde la oferta industrial es muy reducida.
Muy a menudo no se valoran sus propiedades: resistencia a la intemperie y a la rotura, carencia de costes de conservación, etc. Las construcciones más divulgadas, como son las de placas onduladas de colores llamativos o que imitan madera, muestran claramente la inseguridad que existe respecto a este material.

# Muros de obra

Los muros de obra son estructuras pesadas, es decir, estables por su propio peso. Generalmente son de materias minerales. Se pueden construir con superficies totalmente cerradas, con aberturas, o como estructuras de entramado de dos y tres dimensiones.
Los materiales empleados son:

| | |
|---|---|
| *A Ladrillos y bloques fabricados en serie* | *Según DIN:* |
| 1 Ladrillos de albañilería, macizos y huecos | DIN 105 |
| 2 Ladrillos de cal y arena | DIN 106 |
| 3 Ladrillos de escorias | DIN 398 |
| 4 Bloques de hormigón gaseoso y espumoso | DIN 4165 |
| 5 Bloques huecos de hormigón ligero | DIN 18151 |
| 6 Bloques macizos de hormigón ligero | DIN 18152 |
| 7 Bloques de hormigón pesado u ordinario o de hormigón de resina sintética | |

*B Piedra natural*

(véanse clases de piedra en pág. 23)

*C Hormigón y hormigón armado*

## Muros de ladrillo

### Material

El ladrillo se fabrica en la actualidad predominantemente a máquina, a una temperatura de 800 a 1000°C a base de arcilla o masas arcillosas con adición de otras materias como son arena, polvo de ladrillo, cenizas o análogos, o sin ella. Los ladrillos de revestimiento y los vitrificados son resistentes a las heladas (masa cocida hasta el límite de sinterización).
Los ladrillos de albañilería se diferencian por su tamaño, clase y forma, peso específico, resistencia mecánica y resistencia a las heladas. Para muros exteriores deben utilizarse únicamente ladrillos vitrificados o ladrillos de revestimiento.
En muros enlucidos con lechada de cal, o revocados, basta con utilizar ladrillos de albañilería resistentes a las heladas.

Formas y tamaños usuales (en Alemania) en milímetros:

| | | |
|---|---|---|
| Tamaño delgado | DF 240/115/52 | |
| Tamaño normal | NF 240/115/71 | (fig. 31) |
| Tamaño del Reich | RF 250/120/65 | |
| o | 240/115/65 | |

Para muros de fábrica de ladrillo de superficie totalmente cerrada y encalada con lechada de cal, pueden utilizarse también ladrillos huecos con perforaciones verticales, resistentes a las heladas, de las siguientes formas y tamaños (medidas en milímetros):

Hlz ladrillo hueco con perforaciones verticales 1 ½
NF 240/115/113 (fig. 34)
Hlz ladrillo hueco con perforaciones verticales 2 ¼
NF 240/175/113
Formas y tamaños especiales
SF 300/145/113
SF 300/175/113
SF 300/240/113

(Las formas y tamaños especiales han sido fijados por la nueva revisión de la norma DIN 105; pero hasta ahora sólo son usuales en Baviera.)

Para cercados de superficie lisa, sin retranqueos ni aberturas, pueden utilizarse ladrillos huecos de revestimiento o ladrillos huecos vitrificados (fig. 35). Sin embargo, los ladrillos macizos vitrificados o de revestimiento son más aconsejables. En muros con aberturas o salientes o aquellos construidos de la forma que muestra la figura 37, deberían utilizarse únicamente ladrillos macizos o ladrillos vitrificados macizos, de lo contrario el agua absorbida por las superficies que delimitan las aberturas destruye el muro desde su interior.
El ladrillo vitrificado o recocido es el más apropiado técnicamente, por absorber la menor cantidad de agua.
Actualmente, la industria ha puesto en el mercado ladrillos normalizados de diversos colores para la construcción de muros ornamentales y de protección o también para cerrar aberturas en obras de fábrica de ladrillo.
Los ladrillos de cal y arena en las formas y tamaños usuales del ladrillo cocido deben utilizarse según las directrices arriba mencionadas (véase grabado 74 en página 77).

### Construcción

*Cimentación y aislamiento*

La cimentación —por lo general de hormigón «in situ»— de muros de fábrica de ladrillo debe alcanzar una profundidad libre de heladas.
Una hoja de cartón embetunado, o análogo, colocada a nivel del terreno, bajo la base del muro, evita la ascensión de la humedad y por tanto manchas, eflorescencias y desperfectos a causa de heladas.

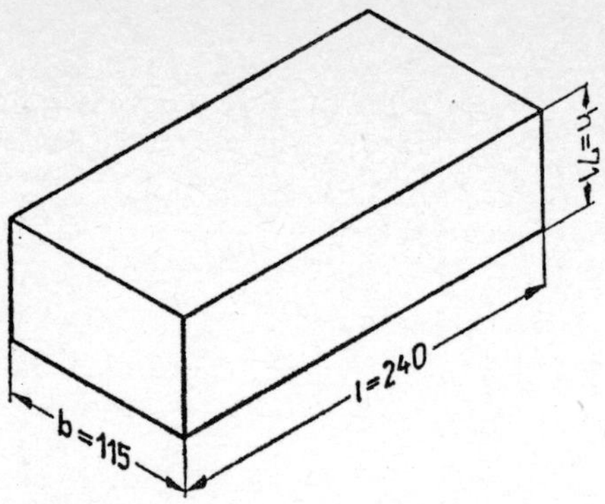


Fig. 33

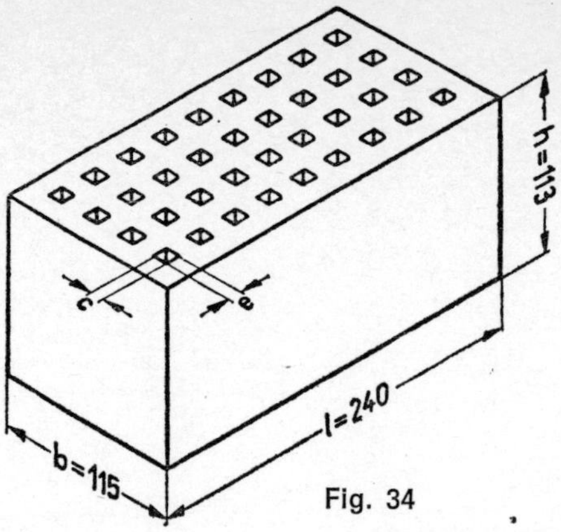


Fig. 34

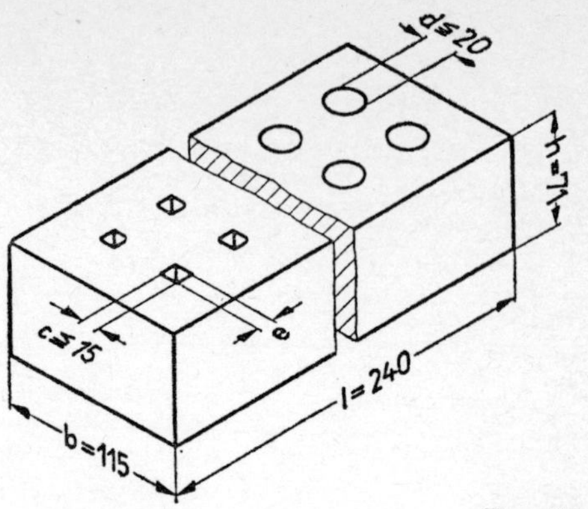


Fig. 35

*Coronamiento del muro*

La superficie superior del muro debe protegerse del agua por medio de un acabado adecuado, como es la utilización de hiladas bien rejuntadas de ladrillos puestos de canto o de ladrillos macizos vitrificados. También se utilizan muy a menudo tejas, tejas planas de encaje, tejas cóncavas o tejas árabes (fig. 36). Las tejas se colocan a una sola vertiente o en muros de mayor espesor a dos vertientes, empleándose entonces tejas de cumbrera. Los coronamientos de muros con teja no son fáciles de resolver estéticamente. Otros materiales que se emplean con frecuencia son la chapa de cobre (fig. 37), hormigón «in situ» u hormigón prefabricado (fig. 38; grabado 77 en página 78). También puede emplearse piedra natural, pizarra o, en muros de gran altura, una delgada capa de asfalto o alquitrán.
La protección más segura, aunque por lo general poco estética, la ofrece la clásica solución con saledizo y goterón.
Utilizando ladrillo vitrificado y un mortero adecuado se puede prescindir de este antiguo sistema constructivo por quedar entonces excluido el peligro de las eflorescencias. En muros con protecciones de hormigón o de hiladas bien rejuntadas de ladrillos puestos de canto se recomienda colocar debajo de la corona del muro una hoja de cartón asfáltico o bituminoso o de otro material impermeable, como por ejemplo, cinc (véase el grabado 73 de la página 76).

*Composición del muro*

Raras veces, y únicamente por motivos económicos, se emplea sólo el ladrillo vitrificado para las hiladas expuestas a la intemperie. En este caso, cada cuatro hiladas como mínimo, deben enlazarse los ladrillos de revestimiento con el interior del muro. Para este fin, también pueden emplearse grapas de anclaje.

*Estabilidad*

A diferencia de las cercas, cuya estabilidad generalmente es mucho más grande que la presión que pueda ejercer el viento tratándose de pequeñas alturas, en muros, la estabilidad es función de su peso y precisa, por tanto, de cálculos estáticos. Corrientemente basta con utilizar las tablas 1 y 2 de la página 19. En muros con aberturas, el momento de estabilidad decrece debido a la disminución de peso; la acción del viento debe considerarse idéntica a la ejercida en muros de superficie totalmente cerrada, debido a la acción conjunta de compresión y succión. De aquí que la estabilidad de muros con aberturas haya de calcularse; no existen tablas prácticas.

En la tabla 1 se considera que la junta entre la obra de fábrica de ladrillo y el hormigón de la cimentación se encuentra a nivel del terreno.

*Mortero*

Las juntas, en especial las verticales, deben estar bien rejuntadas. Los ladrillos porosos o secos deben mojarse antes de colocarlos en obra con el fin de conseguir una mayor adhesión

Fig. 36

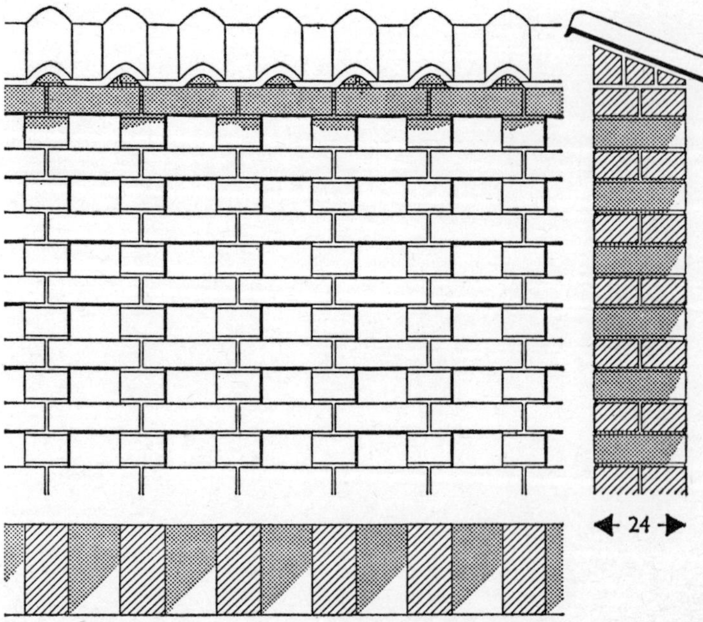

Tabla 1 (véase Fig. 39)

*Alturas admisibles para muros de ladrillo, aislados y sin aberturas*

| Tipo de ladrillo y peso específico kg/dm³ | Peso de la unidad de obra para el cálculo kg/m³ | Alturas de obra (h) a partir del nivel del terreno para espesores (d) | | | |
|---|---|---|---|---|---|
| | | 36,5 cm | 30 cm | 24 cm | 17,5 cm |
| KMz ≧ 1,9 | 2000 | 2,90 m | — | 1,25 m | — |
| KHlz ≧ 1,9 VMz 1,8 Mz 1,8 | 1800 | 2,65 m | 1,80 m* | 1,15 m | 0,70 m* |
| VHlz 1,4 Hlz 1,4 | 1500 | 2,20 m | 1,50 m | 0,95 m | 0,50 m |
| VHlz 1,2 Hlz 1,2 | 1400 | 2,05 m | 1,40 m | 0,90 m | 0,45 m |
| VHlz 1,0 Hlz 1,0 | 1200 | 1,75 m | 1,20 m | 0,75 m | 0,40 m |

* Sólo con KHlz en 1 ½ y 2 ¼ NF o también posible en SF.

Tabla 2 (véase Fig. 40)

*Dimensiones para muros aislados con pilares de refuerzo.*

| Tipo de ladrillo y peso específico kg/dm³ | Peso de la unidad de obra para el cálculo kg/m³ | Distancia entre pilares L m | Altura de obra H m | Dimensiones de los pilares b x t cm | Espesor de obra d cm |
|---|---|---|---|---|---|
| KMz ≧ 1,9 | 2000 | 2,50 | 3,00 | 61,5×61,5 | 24 |
| | | | 2,50 | 49,0×61,5 | 24 |
| | | | 2,00 | 49,0×49,0 | 24 |
| | | | 1,50 | 36,5×36,5 | 24 |
| KHlz ≧ 1,9 VMz 1,8 Mz 1,8 | 1800 | 2,50 | 3,00 | 61,5×61,5 | 30 |
| | | | 2,50 | 61,5×61,5 | 24 |
| | | | 2,00 | 49,0×61,5 | 24 |
| | | | 1,50 | 49,0×36,5 | 24 |
| VHlz 1,4 Hlz 1,4 | 1500 | 2,50 | 3,00 | 61,5×61,5 | 36,5 |
| | | | 2,50 | 61,5×61,5 | 30 |
| | | | 2,00 | 49,0×49,0 | 30 |
| | | | 1,50 | 49,0×49,0 | 24 |
| KMz ≧ 1,9 | 2000 | 5,00 | 3,00 | 86,5×74,0 | 24 |
| | | | 2,50 | 74,0×74,0 | 24 |
| | | | 2,00 | 61,5×61,5 | 24 |
| | | | 1,50 | 49,0×49,0 | 24 |
| KHlz ≧ 1,9 VMz 1,8 Mz 1,8 | 1800 | 5,00 | 3,00 | 61,5×61,5 | 36,5 |
| | | | 2,50 | 61,5×61,5 | 30 |
| | | | 2,00 | 61,5×61,5 | 24 |
| | | | 1,50 | 49,0×49,0 | 24 |
| VHlz 1,4 Hlz 1,4 | 1500 | 5,00 | 3,00 | 74,0×74,0 | 36,5 |
| | | | 2,50 | 61,5×61,5 | 36,5 |
| | | | 2,00 | 49,0×49,0 | 36,5 |
| | | | 1,50 | 49,0×49,0 | 30,0 |

Abreviaturas:

Mz Ladrillos macizos.
Hlz Ladrillos huecos con perforaciones verticales.
Vmz Ladrillos de revestimiento.
VHlz Ladrillos huecos de revestimiento con perforaciones verticales.
KMz Ladrillos macizos vitrificados.
KHlz Ladrillos huecos vitrificados con perforaciones verticales.

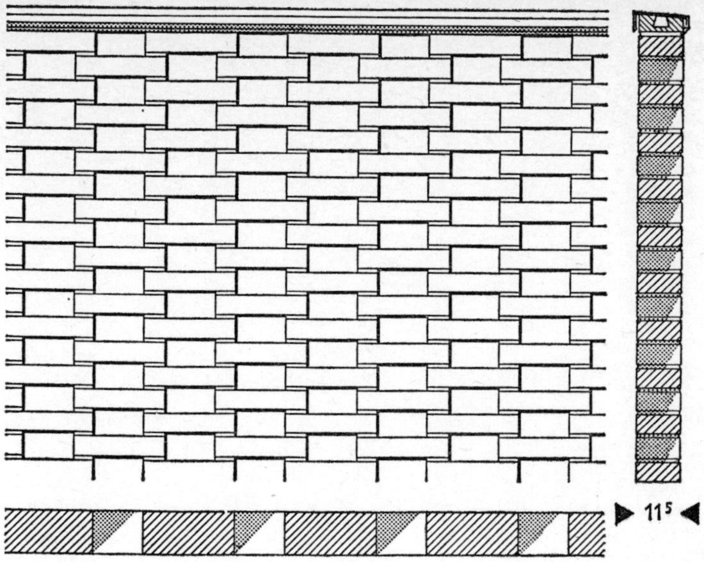


Fig. 37

del mortero. Para el mortero debe emplearse arena lavada de los diámetros que indican las ordenanzas y aglomerantes normalizados.

Mortero de albañilería
Acreditada dosificación, en partes en volumen:
1 parte de cemento Portland
2 partes de puzolana
4 a 5 partes de arena, tamaño de los gránulos: 0-2 mm
Mortero para el rejuntado de la obra de fábrica de ladrillo
El rejuntado debe rechazar el agua de lluvia para impedir la penetración de humedad en el cuerpo de la fábrica de ladrillo. De especial importancia es la adhesión entre el mortero y el ladrillo.
Acreditada dosificación, de partes en volumen:
1 parte de cemento Portland
1 parte de puzolana
3 a 4 partes de arena, 0-2 mm

Fig. 38

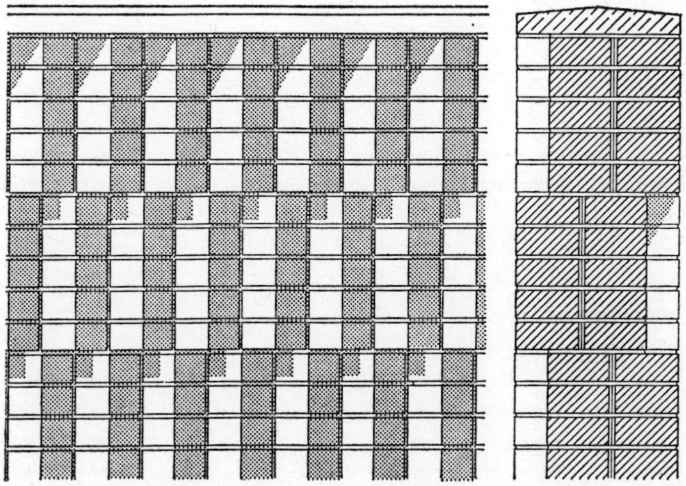

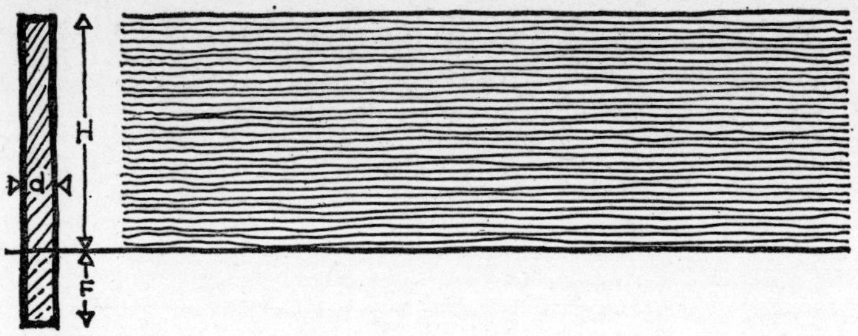


Fig. 40

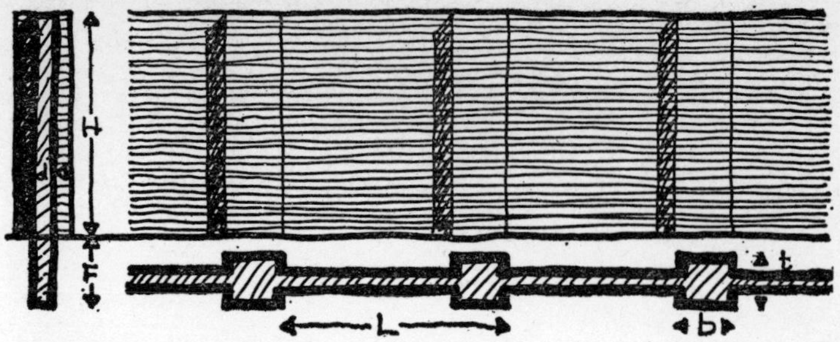


Fig. 39

*Barnizado y encalado*

El barnizado y el encalado protegen de la humedad, pero sólo deben aplicarse en obra de fábrica seca. En muros de ladrillo normal resistente a las heladas —es decir, no de ladrillos de revestimiento o vitrificados— es indispensable una mano o un revoque de lechada de cal, con el fin de evitar eflorescencias o deterioros.
También es adecuado barnizar las superficies con pigmentos dispersantes, teniendo siempre en cuenta las prescripciones acerca del modo de empleo.

*Aparejos para obra de fábrica de ladrillo*

El efecto que produce un muro es condicionado por su aparejo. Las disposiciones vigentes para la «puesta en obra de materiales cerámicos» están normalizadas en la DIN 1053:
«La obra de fábrica de ladrillo se debe levantar con aparejo, es decir, las juntas verticales de hiladas superpuestas no deben estar alineadas. Cortas distancias entre las juntas de hiladas superpuestas sólo se permiten si se trata de acreditados aparejos normalizados...»

Aparejos usuales:
Aparejo a tizón (fig. 41)
Aparejo inglés (fig. 42)
Aparejo belga (fig. 43)
Los aparejos clásicos sólo se utilizan cuando se desea mostrar la estructura; de lo contrario, representan un considerable encarecimiento por pérdida de material. Los más generalizados son:
Aparejo gótico (fig. 44)
Aparejo de la marca (fig. 45)
Aparejo holandés (fig. 46)
Aparejo silesio (fig. 47)
Aparejos a soga (fig. 48) sólo son apropiados para paredes cortas y de poca altura, de $\frac{1}{2}$ asta. La obra de fábrica de ladrillo de 30 cm de espesor levantada con ladrillo hueco de 2 $\frac{1}{4}$ NF en combinación con los mismos de 1 $\frac{1}{2}$ NF, ambos con perforaciones verticales, muestran una estructura parecida a la del aparejo a soga.
Los aparejos mencionados permiten cualquier variación y combinación. En paredes de ladrillo visto pueden construirse superficies con aberturas o también con saledizos compuestos de ladrillos a tizón o a soga.
Los ejemplos siguientes representan una parte de las numerosas posibilidades de creación:

Fig. 41

Fig. 42

A Hilada a soga B Hilada a tizón

Fig. 43

AC Hilada a soga BD Hilada a tizón

Fig. 44

Fig. 45

Fig. 46

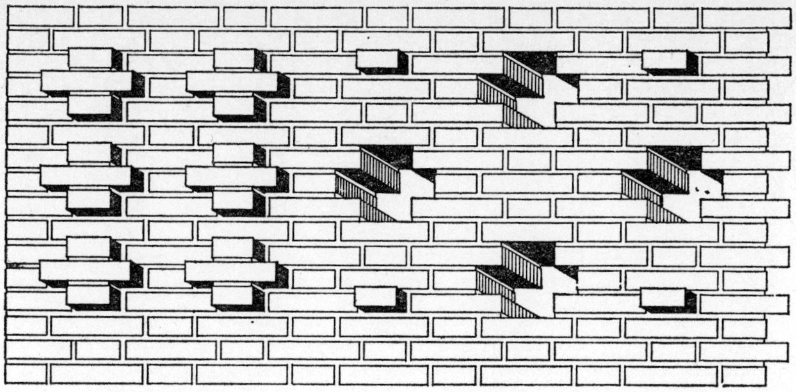

Fig. 49

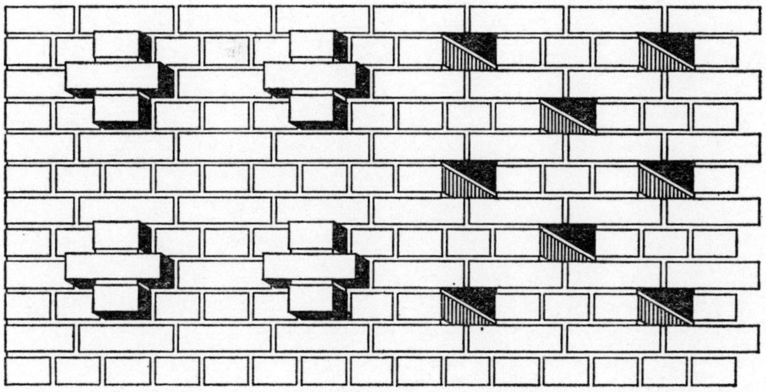

Fig. 50

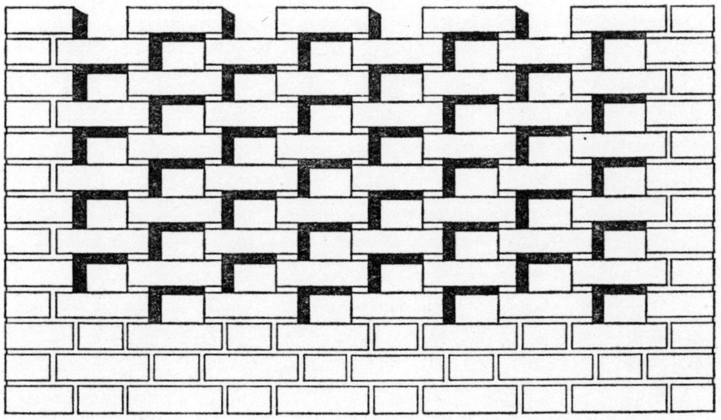

Fig. 51

Fig. 48

Fig. 47

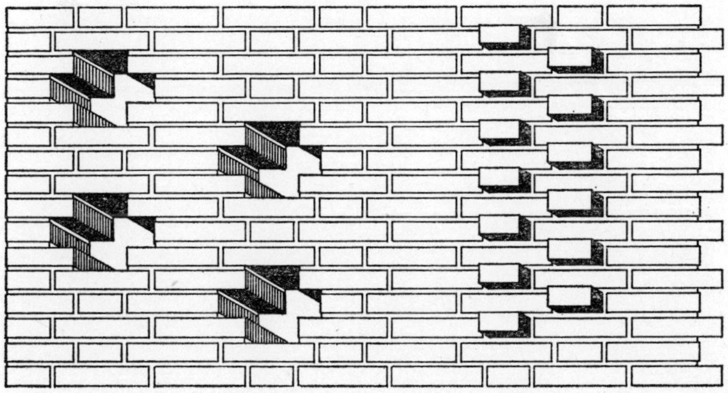

Fig. 52

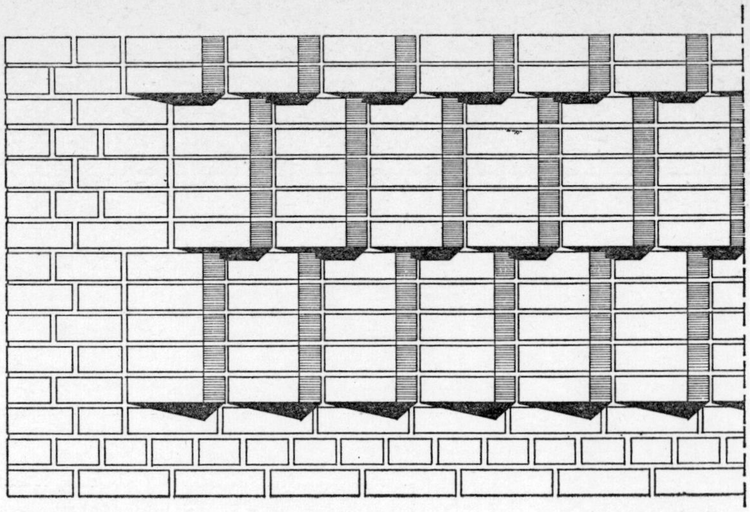

Fig. 53

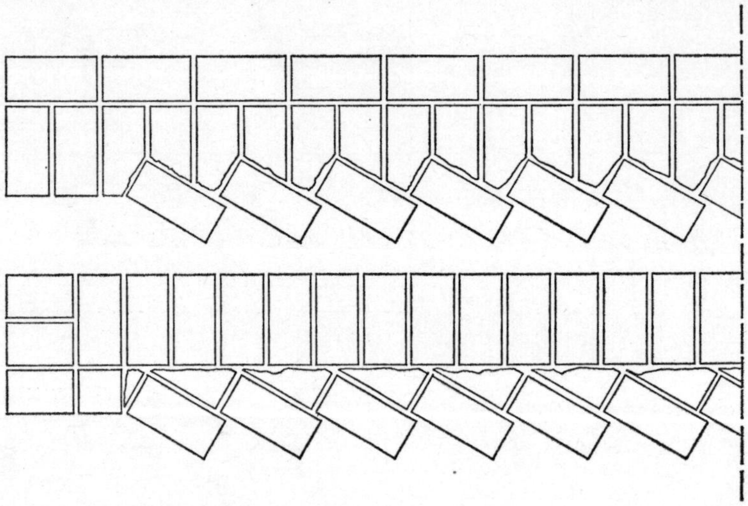

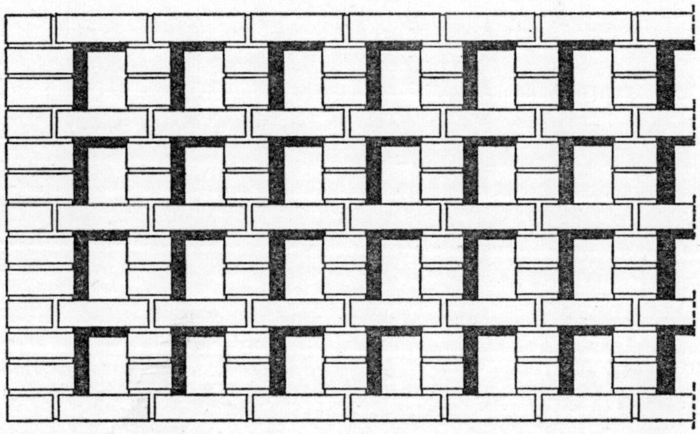

Fig. 54

Fig. 55

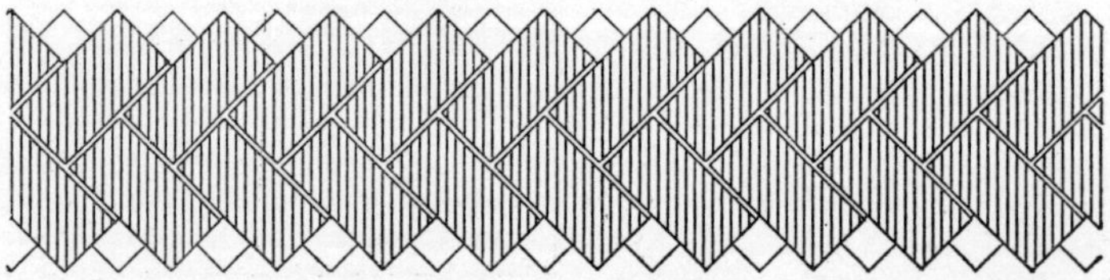

Fig. 49 *Aparejo gótico* con ladrillos de tamaño delgado; composición con aberturas en cruz y saledizos de un ladrillo y de grupos de ellos.
Fig. 50 *Aparejo inglés* con ladrillos de tamaño normal; composición con saledizos de grupos de ladrillos y aberturas del tamaño de un ladrillo a tizón.
Fig. 51 *Aparejo a soga* con ladrillos de tamaño normal; cada ladrillo a soga está separado por otro de mitad de tamaño.
Fig. 52 *Aparejo de la marca* con ladrillos de tamaño delgado; composición con saledizos de ladrillos a tizón y aberturas en cruz.
Fig. 53 *Muro ornamental* con ladrillos de tamaño normal, colocados en ángulo en una de sus caras con cambio de alineación en cada cinco hiladas (el cambio de alineación en cada hilada —véase grabado 65 en pág. 73— produce un efecto de mayor claridad y parece más consecuente; con ladrillos inclinados en ambas caras se consigue un aparejo de mayor resistencia —véase fig. 55).
Fig. 54 *Pantalla de protección* con ladrillos de tamaño normal y estructura bidimensional, compuesta de una hilada de ladrillos a soga y dos a tizón con aberturas.

*Formas especiales*

Técnicamente, se pueden construir paredes de media asta sin unión a otras perpendiculares; la estabilidad se consigue entonces por medio de perfiles de doble T cimentados y colocados a la distancia de aproximadamente 375 cm (ancho del ala igual al espesor de la pared). Este sistema, usualmente empleado en construcciones industriales, es una forma especial del tipo constructivo compuesto por pilares y paredes de relleno.
Una construcción parecida es la llamada «Prüsswand» (fig. 56). Se compone de un entramado de acero en fleje con relleno de ladrillo. El reticulado metálico garantiza la estabilidad y queda oculto en la pared. Ambas formas especiales tienen una aplicación limitada para cercados.

Fig. 56

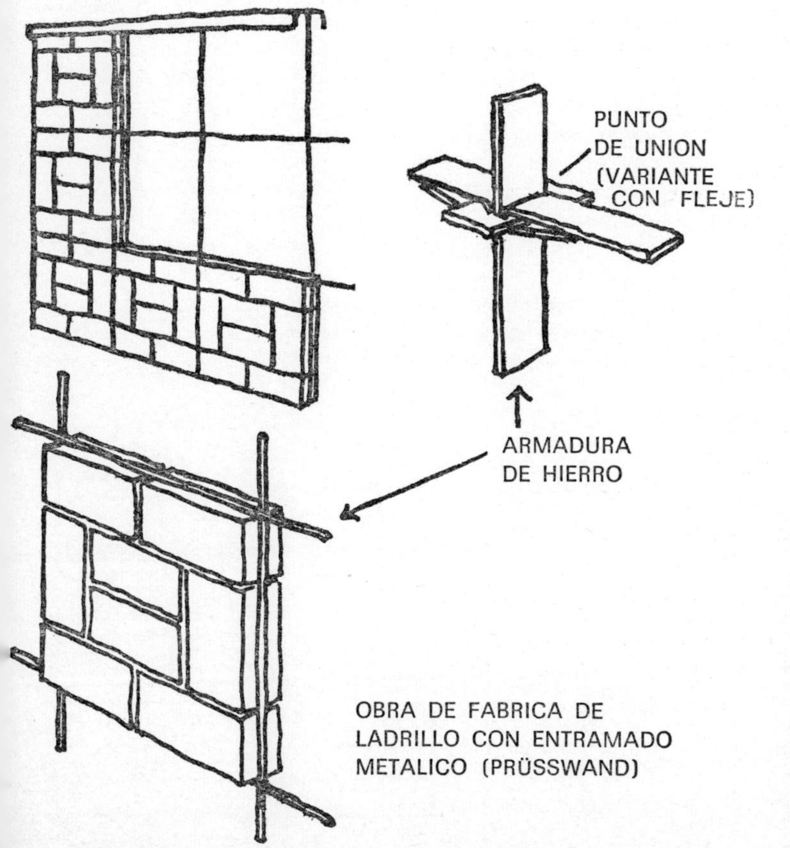


## Obra de fábrica de piedra

### Material

Según la resistencia mínima a la compresión, se distinguen cinco grupos.

Tabla 3

| Grupo | Clases de piedra que abarcan los grupos | Resistencia mínima a la compresión en kg/cm² |
|---|---|---|
| A | Caliza, travertino, tobas volcánicas | 200 |
| B | Areniscas blandas (con aglomerantes arcillosos o análogos) | 300 |
| C | Calizas compactas (duras) y dolomías (mármol incluido), lava basáltica y análogas | 500 |
| D | Areniscas cuarcíticas (con aglomerante silíceo), grauvacas y análogas | 800 |
| E | Granito, sienita, diorita, pórfido cuarzoso, meláfido, diabasa y análogas | 1200 |

La piedra para obra de fábrica debe estar exenta de desperfectos y ser resistente a las heladas, si está expuesta sin protección a la intemperie.
En las proximidades de fábricas debe comprobarse si la piedra escogida es atacada por los ácidos sulfúricos que el aire contiene en aquellas inmediaciones.
Por lo general, la piedra es más pesada ($\gamma = 2\text{-}3$ t/m³) y mucho más resistente a la compresión que el ladrillo; en ambos, las resistencias a la flexión y a la tracción son pequeñas. Roca ígnea y granito se trabajan con dificultad; pero se utilizan muy a menudo.

### Construcción

*Estabilidad*

Es obligatorio comprobar la estabilidad en los muros de piedra. Para obtener medidas aproximadas para el anteproyecto, basta con añadir aproximadamente un 25-50 % a los espesores que dan las tablas que se emplean en la obra de fábrica de ladrillo (tablas 1 y 2, pág. 19). El cociente entre la altura del muro y su espesor no debe ser mayor que $H/d = 5$; por motivos de estética, el espesor no debe ser inferior a 30-40 cm. Cuanto más uniformemente se trabajen las piedras, tanto mayor puede considerarse la esbeltez.

*Preparación y puesta en obra*

Las piedras sedimentarias estratificadas tienen que colocarse de manera que descansen a hoja, o sea, sobre sus lechos naturales de cantera y la carga actúe siempre perpendicularmente a esas juntas de hilada. La longitud de las piedras debe ser por lo menos igual a su altura y no debe rebasarla en más de 4 ó 5 veces.
En los paramentos, nunca deben estar en prolongación más de tres juntas. Las juntas verticales nunca deben prolongarse a través de más de dos hiladas. Tras dos piedras colocadas a soga, por lo menos debe haber una colocada a tizón o bien ha de hacerse que alternen entre sí las hiladas a soga y a tizón. El grueso de los tizones debería ser igual al del muro, pero, como mínimo, debe tener 30 cm y ser de una vez y media la altura de la hilada. El grueso de las sogas debe ser aproximadamente igual a la altura de las hiladas. El recubrimiento de las juntas verticales será como mínimo de 10 cm en la fábrica de sillarejo y de 15 cm en la de sillería. En las esquinas deben colocarse las piedras de mayor tamaño (por lo general de dos hiladas de altura).
Las cavidades del interior del muro deben rellenarse con piedras de pequeño tamaño y con mortero (¡evítense ampollas en el mortero!). Los paramentos deben rejuntarse adicionalmente; juntas demasiado anchas también se rellenarán con cascotes y mortero. Si los paramentos están expuestos a la intemperie, el rejuntado no debe dejar cavidades y ha de tener la profundidad de la junta.
Muy a menudo las juntas vuelven a rellenarse con mortero y luego se refriega la superficie del muro con viruta de madera. De esta forma, los cascotes que rellenan las puntas también quedan envueltos en mortero y la superficie produce un efecto cerrado y sereno.

*Aparejos* (según DIN 1053)

Mampostería con juntas a seco (fig. 57)
Se construye sin mortero, trabajando ligeramente las piedras procedentes de la cantera y disponiéndolas con la debida trabazón (véase preparación y puesta en obra de la piedra natural), de manera que resulten juntas estrechas. Éstas se rellenarán con cascotes, que transmiten los esfuerzos al cuerpo de la obra.
Mampostería ordinaria (fig. 58)
Forma especial: mampostería de cantos rodados.

Fig. 60

Los cantos rodados no trabajados o piedras poco trabajadas procedentes de la cantera, de altura, anchura y profundidad muy parecidas, se disponen con la debida trabazón con mortero en las juntas. Cada metro o metro y medio de altura se debe enrasar todo el grueso de la obra, formando un plano perpendicular a la dirección de la fuerza. Con cantos rodados se consiguen generalmente mejores soluciones que con la mampostería ordinaria.
Mampostería de rajuela (fig. 59)
Las piedras poco trabajadas procedentes de la cantera, con una gran proporción de piedras sedimentarias estratificadas, se disponen con mortero con la debida trabazón. También aquí todo el grueso del muro debe enrasarse cada metro y medio de altura, como máximo, formando un plano perpendicular a la dirección de la fuerza.
Fábrica de sillarejo rectificado con martillo (mampostería por hiladas) (fig. 60)
Las piedras del paramento tienen trabajadas las superficies que forman las juntas horizontales y verticales hasta 12 cm de profundidad como mínimo; las juntas están dispuestas formando aproximadamente ángulos rectos. Las alturas de las hiladas pueden variar de una a otra y aun dentro de la misma. El muro en todo su espesor debe enrasarse por lo menos cada metro y medio de altura formando un plano perpendicular a la dirección de la fuerza.
Mampostería por hiladas irregulares (fábrica de sillarejo irregular) (fig. 61)
Las superficies que forman las juntas verticales y horizontales de las caras vistas del muro, perpendiculares entre sí y normales a los paramentos, están trabajadas por lo menos hasta una

Fig. 57

Fig. 58

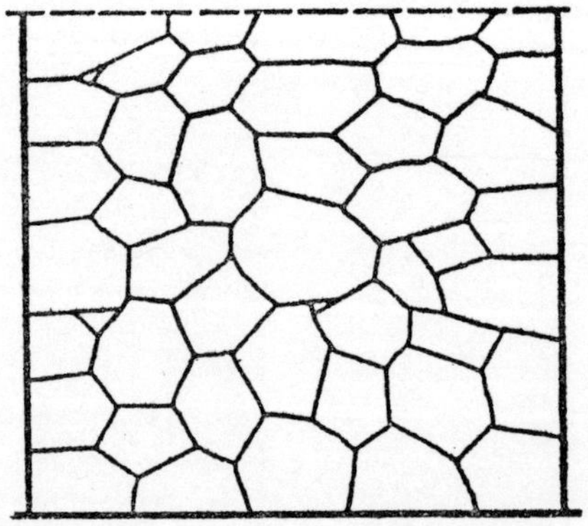

Fig. 59

Fig. 61

Fig. 62

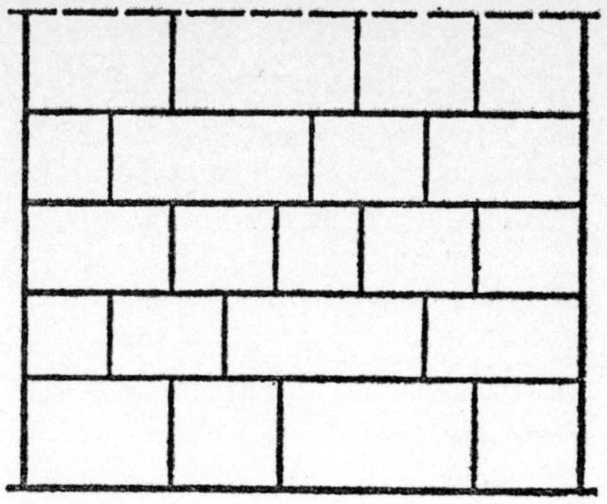

Fig. 63

profundidad de 15 cm. Las juntas no deben tener más de 3 cm de espesor. La altura de las hiladas puede variar de una a otra y aun en la misma hilada, dentro de límites moderados. Enrase del muro formando un plano perpendicular a la dirección de la fuerza también cada metro y medio de altura.

Mampostería por hiladas regulares (fábrica de sillarejo regular) (fig. 62)

Dentro de una misma hilada, la altura de las piedras no debe variar; cada hilada debe estar enrasada perpendicularmente a la dirección de las fuerzas que actúan sobre ella. Por lo demás, como en la mampostería por hiladas irregulares.

Fábrica de sillería (fig. 63)

La construcción a base de sillería es esencialmente un trabajo de picapedrero. El albañil únicamente tiene que colocar las piedras, labradas y numeradas por el picapedrero, según un plano a escala 1:20. Las superficies que forman las juntas horizontales y verticales están trabajadas en toda su profundidad.

Revestimiento de paramentos

La parte de obra del revestimiento únicamente puede ser considerada como integrante de la sección portante si los sillares colocados a tizón están endentados o empotrados en la obra posterior, de ladrillo o de hormigón, por lo menos en un 30 %. Si esta obra posterior está hecha de ladrillo es preciso que una hilada de cada tres de la fábrica de piedra se componga sólo de tizones. Éstos han de tener por lo menos 24 cm de profundidad (en el sentido del espesor de la pared) y deben penetrar por lo menos 10 cm en la obra trasera.

*Superficie de la pared de sillería*

Mientras que, en los restantes tipos de obras de fábrica de piedra, el efecto que producen sus superficies está muy condicionado por el carácter del material empleado y por el arte del albañil, en las paredes de sillería resalta la labor del cantero, el labrado. Para un cercado sólo se escogerá la fábrica de sillería, muy cara por las horas de preparación que precisa, cuando se desea obtener el efecto propio del material labrado y de su aparejo.

Aunque, en la actualidad, la fábrica de sillería sólo se utilice en contados casos, como por ejemplo en monumentos, citaremos brevemente sus métodos de preparación:

El cantero desbasta los bloques obtenidos de la cantera convirtiéndolos en los llamados «carretales», cuyas dimensiones exceden en una pulgada de trabajo (3-5 cm de exceso en todos sentidos) las que deberá tener la piedra en su estado definitivo. Para obtener las medidas deseadas, se labran entonces los carretales empezando por las esquinas. Cuando se ha hecho esta operación con todas las caras, viene el trabajar las caras vistas o paramentos, según el tipo o clase de acabado que se desee, desde el más rugoso al más fino:

1. Acabado con el cincel agudo o puntero.
2. Con la escoda trinchante de elementos sueltos.
3. Con la rasqueta o raedora (cincel de boca ancha).
4. Con la martellina o bujarda.
5. Pulido con piedra pómez.

Las representaciones gráficas de estos acabados no transmiten el verdadero efecto que producen; por esto, antes de tomar una decisión debería examinarse su carácter en la realidad.

## Muros de hormigón

### Observaciones previas

Este amplio tema se limitará aquí a muros no revocados de hormigón visto. Los muros construidos con este material no precisan cálculos estáticos, porque las calidades apropiadas para el hormigón visto, B 225 y B 300, admiten grandes esfuerzos. Debe advertirse que el hormigón no debe ser considerado como el material por excelencia para el «hágaselo usted mismo». En realidad, la tecnología del hormigón constituye una de las ramas más complejas y complicadas de la técnica de la obra en bruto. Así pues, muros de hormigón, y sobre todo los de hormigón visto, no deberían construirse por cuenta propia. Incluso arquitectos experimentados tampoco suelen tener, generalmente, extensos conocimientos relativos a su tecnología.

Por este motivo, el arquitecto debe escoger un contratista experimentado, que pueda acreditarse por sus construcciones, tenga a su disposición especialistas en la materia y esté dotado de suficiente capacidad en maquinaria y material de encofrado. Un esmerado pliego de condiciones (con una descripción exacta de la superficie que se desea obtener y de la calidad del hormigón) es de especial importancia.

Antes del comienzo del hormigonado, se debería exigir del contratista una muestra a escala 1:1.

Estas medidas de seguridad, por lo general poco comunes, se recomiendan por el hecho de que una determinada calidad del hormigón prescrita en el pliego de condiciones es casi siempre inexacta a pesar de estar normalizada su dosificación, debido a diversos factores como son: la heterogeneidad de los áridos,

la clase de agua del amasado y las influencias climáticas durante el hormigonado y fraguado.
Dentro de este corto capítulo es imposible ofrecer una completa información sobre la tecnología del hormigón, por lo que este tema sólo se tratará sumariamente.

## Material, tecnología del hormigón

El hormigón es una piedra artificial que se obtiene por mezcla y amasado de aglomerantes, áridos y agua.
El aglomerante recubre los granos de los áridos, uniéndolos al endurecerse.
Para cercados, se utiliza casi exclusivamente el hormigón pesado u ordinario (peso propio superior a 1900 kg/m$^3$).
El conglomerado obtenido —consistente, plástico o fluido, según la cantidad de agua— es vertido en el encofrado, dotado de armadura si se precisa por motivos estáticos, y luego se apisona, se vibra o se hurgonea para darle compacidad.

### *Aglomerantes*

Para el hormigón visto de las calidades B 225 ó B 300 sólo es admisible el cemento como aglomerante. Hay cementos de diversas resistencias, cementos que endurecen lentamente y otros, por el contrario, con rapidez, permitiendo un pronto desencofrado; también hay cementos que, al fraguar, desprenden más calor que otros, y resultan especialmente indicados para hormigonar en tiempo frío. La clase de cemento a utilizar para cada caso sólo puede ser determinada por un especialista.
Normas DIN para aglomerantes:
El cemento Portland, el cemento Portland férrico y el cemento de altos hornos deben ajustarse a la norma DIN 1164; el cemento puzolánico (trass) a la norma DIN 1167 y el cemento supersulfatado, a la norma DIN 4210.

### *Áridos*

Como áridos para el hormigón ordinario se emplean principalmente: gravilla y grava natural, arena natural, piedra triturada, grava de machacadora, arena de machacadora, escorias de altos hornos, escorias de caldera y ladrillo triturado.
En Alemania, los áridos deben ajustarse a las prescripciones que establecen las normas DIN 1045: «Reglamento para la ejecución de las obras de hormigón armado»; DIN 1047: «Reglamento para la ejecución de las obras de hormigón en masa»; DIN 4226: «Áridos de origen natural para hormigones», y DIN 4163: «Hormigón de ladrillo triturado».
Los áridos deben ser resistentes a las heladas, poseer resistencias mecánicas suficientes y no han de contener materias perjudiciales, como son barro, arcilla, humus, carbón, lignito, turba y compuestos de azufre; estos últimos se presentan con frecuencia en las escorias de calderas y locomotoras.
Conviene que la forma de los áridos sea redondeada o cúbica. Gránulos de forma aplanada, alargada o en esquirlas deben formar como máximo el 50 % del peso total del árido.
Los áridos de superficies ásperas o rugosas influyen favorablemente en las resistencias a la tracción y a la flexión. Por consiguiente, las piedras de naturaleza menos dura, siempre que posean resistencia propia suficiente, son preferibles.

Según la norma DIN 1045, la granulometría de los áridos naturales permite clasificarlos como sigue:

<table>
<tr><th>No pasa por el tamiz</th><th>Pasa por el tamiz</th><th colspan="4">Denominación</th></tr>
<tr><th colspan="2">Con orificios de diámetro (mm)</th><th colspan="2">Procedencia natural</th><th colspan="2">Materiales triturados</th></tr>
<tr><td>—</td><td>1</td><td>Arena fina para hormigón</td><td rowspan="2">Arena fina para hormigón</td><td>Arena fina para hormigón</td><td rowspan="2">Arena de trituradora</td></tr>
<tr><td>1</td><td>7</td><td>Arena gruesa para hormigón</td><td>Arena gruesa para hormigón</td></tr>
<tr><td>7</td><td>30</td><td>Gravilla para hormigón</td><td rowspan="2">Grava y gravilla para hormigón</td><td colspan="2">Gravilla de trituradora, para hormigón</td></tr>
<tr><td>30</td><td>70</td><td>Grava para hormigón</td><td colspan="2">Grava de trituradora, para hormigón</td></tr>
</table>

La composición granulométrica de los áridos está normalizada para todas las calidades y clases de hormigón. En diagramas (líneas de tamizado) están indicados los porcentajes de los distintos tamaños granulométricos respecto al peso total de la correspondiente calidad del árido.
La comprobación se efectúa echando el árido en tamices de diversos anchos de malla y registrando el peso porcentual del material tamizado.

### *Agua de amasado*

En principio pueden utilizarse todas las aguas naturales. Las aguas sucias o cargadas de impurezas y las residuales procedentes de fábricas deben ser analizadas químicamente antes de su empleo.

### *Proporciones de mezcla*

La proporción entre cemento y árido se expresa correctamente en partes en peso (kg). Esto presupone la existencia de básculas en la obra, lo cual la encarece, y para pequeñas construcciones, como son los cercados, no siempre pueden exigirse del contratista.
Dosificando a base de partes en volumen, forma más sencilla pero inexacta, resulta para hormigón de calidad B 225 una proporción de aproximadamente 1:4 (cemento: árido) y para B 300 aproximadamente 1:3. De vez en cuando deben comprobarse las proporciones de mezcla por pesado del material, porque, debido a las variaciones de humedad y a la diversidad de tamaños de los gránulos del árido, pueden presentarse inexactitudes de dosificación del 40 %.
Antes de empezar la obra, es aconsejable comprobar por medio de muestras el efecto óptico que se desea conseguir.
Un metro cúbico de hormigón acabado debe contener aproximadamente 300 kg de cemento. El contenido de cemento puede reducirse algo si las circunstancias son muy favorables.
Otros factores de importancia para la calidad del hormigón son:

### *Factor agua-cemento*

El factor o relación agua-cemento es la proporción en peso que representa el agua de amasado respecto al cemento. (Por ejemplo: para un contenido de cemento de 300 kg/m³ de hormigón acabado y un factor agua-cemento de 0,5 son necesarios 150 kg = 150 l de agua de amasado.) Se entiende por agua de amasado la suma de la cantidad de agua que llevan los áridos consigo —que para cada caso debe evaluarse muy exactamente— y la cantidad de agua agregada.

*Materiales de adición*

Para evitar manchas y grietas por contracción en las superficies del hormigón visto, el contenido de cemento de la mezcla no debe sobrepasar la cantidad necesaria.
Una distribución uniforme de la masa de cemento puede conseguirse por medio de adiciones de diluentes de hormigón generadores de poros de aire. Estos productos, debidamente empleados, distribuyen en la masa de hormigón un 3 a 5 % de aire, mejorando la puesta en obra, la impermeabilidad y la resistencia a las heladas; al mismo tiempo, permite reducir las dosis de agua de un 5 a un 30 % según la composición granulométrica, la clase de cemento y la consistencia del hormigón.
Algunos impermeabilizantes mejoran también la resistencia a los agentes atmosféricos. Es de suma importancia un conocimiento exacto de los materiales de adición que se encuentran en el mercado y de sus campos de aplicación.
Un tratamiento de las superficies del hormigón visto poco después del desencofrado con siliconas hidrosolubles, evita grietas superficiales por contracción y al mismo tiempo el hormigón rechaza mejor el agua de lluvia.
Los aceites de encofrado evitan al desencofrar cualquier desperfecto en la estructura del hormigón visto. En cada caso debe comprobarse que el aceite escogido no deje manchas en la superficie vista.

*Consistencia del hormigón*

Sobre todo para el hormigón visto es decisiva la consistencia de la masa de hormigón no fraguada.
El hormigón consistente (de «consistencia de tierra húmeda») con una dosis o contenido de agua de un 4 a 6 % del peso total y un factor agua-cemento de 0,3 a 0,9 es apropiado para el hormigón apisonado o vibrado y para el hormigón armado con holgado espacio entre las barras de las armaduras.
El hormigón blando (plástico) con una dosis de agua de un 7 a 10 % y una relación agua-cemento de 0,5 a 1,0 es apropiado para hormigón armado y para el hormigón impermeable (medida de ensanchamiento: 36-50 cm).
El hormigón fluido (hormigón líquido) con una dosis de agua de un 10 a 15 % y un factor agua-cemento de 0,6 a 1,3 sólo es apropiado para aquellas obras en las que no tiene importancia una disminución de calidad (medida de ensanchamiento: 50 a 65 cm).
Para el hormigón visto, deberían emplearse mezclas plástico-consistentes o más blandas, si lo exigen las dimensiones o el reducido espacio entre las barras de las armaduras.
Después del desencofrado, y especialmente en hormigones de gran compacidad y en los tratados con adiciones diluentes generadoras de poros de aire, la superficie debe conservarse húmeda con el fin de evitar eflorescencias.

Algunas dosificaciones experimentadas para hormigón según Wilhelm Künzel:
*Dosificaciones en partes en peso referidas a 1 m³ de hormigón acabado.*
«Fórmulas» sólo representa una parte del gran número de posibilidades existentes.

* Composición granulométrica discontinua significa, que un determinado grupo granulométrico (p. ej., el comprendido entre 3-7 mm) no entra a formar parte en la composición granulométrica del hormigón.

| | B 300<br>Hormigón visto gris | B 225<br>Hormigón blanco | Composición granulométrica discontinua *<br>B 300<br>Hormigón visto gris | Composición granulométrica discontinua *<br>Hormigón visto cavado o arenado | Composición granulométrica discontinua *<br>B 225<br>Hormigón visto gris |
|---|---|---|---|---|---|
| Árido | Grava de río<br>0-3 mm 30 %<br>3-7 mm 21 %<br>7-15 mm 25 %<br>15-30 mm 24 % | Grava de río<br>0-3 mm 45 %<br>3-7 mm 30 %<br>7-15 mm 25 % | Grava de río<br>0-3 mm 45 %<br>7-15 mm 55 % | Grava<br>0-3 mm 25 %<br>7-15 mm 75 %<br>o<br>15-30 mm 75 % | Grava de río<br>0-3 mm 40 %<br>3-7 mm 31 %<br>15-30 mm 29 % |
| Gránulos de mayor tamaño | 30 mm | 15 mm | 15 mm | 15 bzw. 30 mm | 30 mm |
| Contenidos de partículas finas menores de 0,2 mm | 4 % del peso del árido | 25 kg | 25 kg | — | — |
| Cemento | 300 kg<br>Portland PZ 275 | 350 kg<br>Portland blanco<br>PZ 275 | 375 kg<br>Portland PZ 375 | 30 kg Z 275 | 290 kg<br>Portland PZ 275 |
| Factor agua-cemento | 0,55 | 0,55 | 0,53 | 0,55 | 0,64 |
| Material de adición | Impermeabilizantes | 5 % LP-Stoffe | Diluentes de hormigón | — | Diluentes de hormigón |
| Ensanchamiento | 40 cm | 45 cm | 40 cm | 34-38 cm | 41 cm |
| Compactación | Vibrador exterior | Hurgonear | Vibrador exterior | Vibrador interior o de aguja | Vibrador interior o de aguja<br>Hurgonear |

*Asentado del hormigón*

El modo de proceder depende de la consistencia del hormigón. Si es muy consistente, se apisona; aquel cuya consistencia es algo menor, hasta poderse calificar de hormigón pastoso o blando, se hurgonea o se vibra para darle compacidad. En cambio, el hormigón blando tiende a disgregarse cuando se somete al vibrado. Por tanto, es mejor limitarse a hurgonearlo como se hace con el hormigón fluido.
Según la naturaleza del elemento o cuerpo de obra a que hay que dar compacidad, se empleará un vibrador de superficie, un vibrador exterior aplicable a los encofrados o bien un vibrador interno de inmersión.

**Construcción y proyecto**

*Juntas*

Debido a que el hormigón, al igual que el acero, se dilata o se contrae por influencias de temperatura, en paredes de gran longitud deben disponerse juntas de dilatación verticales, procurando hacerlas coincidir con las juntas de trabajo. Es aconsejable prever éstas de tal forma que cada tramo de obra emplazada entre ellas pueda ser hormigonado sin interrupción, porque la conexión a un hormigón fraguado exento de junta es técnicamente difícil y produce defectos estéticos en las superficies vistas. Las obras de dimensiones más reducidas, como son generalmente los muros de cercado, pueden terminarse en un día; es éste el motivo por el que no se tratará aquí el complejo tema de las juntas de trabajo y los procedimientos para retardar el fraguado del hormigón.

Fig. 64

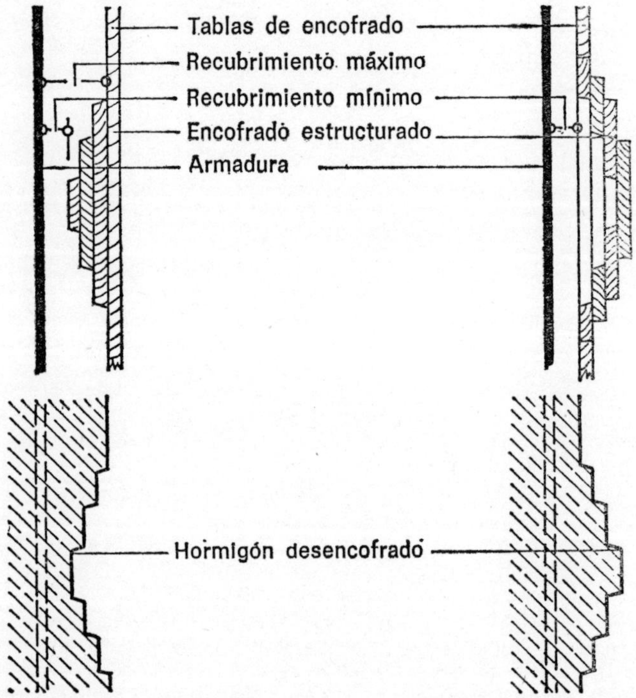


Las distancias entre juntas de dilatación verticales son, por lo general, mayores que las mismas que se precisan para la construcción de la obra; por este motivo tampoco se tratará aquí el tema de las distancias máximas necesarias entre juntas de dilatación. Las juntas verticales tienen la función de separar constructivamente un tramo de pared de otro. Las juntas de los muros de cercados no precisan ser impermeables. Generalmente basta una placa aislante de material espumoso, que luego puede quitarse. Las juntas de anchura mínima se consiguen con una hoja de cartón alquitranado o embetunado. Es aconsejable cortar el cartón al espesor exacto del muro y fijarlo al tramo ya fraguado por medio de puntas de acero. Si el cartón sobresale, se ondula y estorba ópticamente.
En muros de hormigón con aislamiento horizontal contra la humedad del suelo, la junta vertical no precisa prolongarse más allá de esta capa aislante.

*Encofrado*

La clase y el material del encofrado determina el carácter del hormigón visto.
El material más utilizado es la madera. Las tablas no acepilladas dejan visible su veteado en la superficie del hormigón. El efecto puede aumentarse rascando las tablas con la sierra circular. Alternando tablas horizontal, verticalmente y en diagonal (véase grabado 102 en página 92) o tablas acepilladas y aserradas (de superficie no pulida) pueden crearse composiciones en la superficie del hormigón. Lo mismo puede conseguirse con las rebabas que se forman cuando las juntas de las tablas no están a tope.
Composiciones más acentuadas aún se obtienen fijando listones perfilados en el encofrado (fig. 64). En muros de hormigón armado debe tenerse en cuenta que el recubrimiento mínimo necesario de las armaduras (de 2 a 3 cm, pero siempre superior al mayor tamaño granulométrico del árido) se cuente a partir de los listones y no desde la superficie de las tablas. Un recubrimiento insuficiente ocasiona manchas de óxido en la superficie. La figura 65 muestra otras posibilidades de composición, utilizando listones de madera fijados en las tablas del encofrado. Los encofrados perfilados (fig. 66) crean, con un coste reducido, composiciones de mucho atractivo. Formas muy complejas (véase grabado 114 en página 97) sólo son posibles si el encofrado asume también la función de matriz; por este motivo resultan soluciones de elevado coste.
Las superficies lisas y apenas estructuradas se obtienen por medio de encofrados a base de tablas machiembradas acepilladas. Su ventaja, respecto a las placas duras de fibra, también muy corrientemente empleadas como material de encofrado para el hormigón visto liso, consiste en que permiten una construcción portante de menor envergadura y por lo tanto más económica, porque las tablas machiembradas compensan por sí solas una parte de la presión que ejerce el hormigón. Por otra parte, las placas duras de fibra son sensibles a la humedad y se alabean fácilmente. Más apropiadas y estables son las tablas de madera contrachapeada.
En muros de gran longitud se recomienda, especialmente, la utilización de tableros de encofrado; por su mayor duración, pueden emplearse repetidas veces. Las juntas del encofrado reproducen en la superficie del hormigón un reticulado (véase grabado 109 en página 95).

Las superficies de hormigón visto muy lisas se obtienen recubriendo el encofrado con lámina de material sintético. Encofrados con placas onduladas de fibrocemente y de chapa crean también superficies lisas y su perfilado puede mostrar mucha vivacidad (véase grabado 111 en página 96).
A menudo, se utilizan también matrices de material sintético y de yeso; por su elevado coste, este tipo de encofrado sólo se emplea cuando se excluye la posibilidad de emplear otros materiales que permiten obtener superficies lisas.

*Hormigones vistos con superficies trabajadas después del desencofrado*

Se debe distinguir entre el hormigón visto lavado o arenado y el hormigón visto labrado.

El hormigón lavado, más empleado que el arenado, se obtiene por desprendimiento de la capa superficial de cemento inmediatamente después del desencofrado. Su empleo es cada vez más frecuente en obras donde el hormigón se vierte directamente en el encofrado (hormigón «in situ»), y, sobre todo, para elementos prefabricados. Si se utiliza para construir paredes de poca altura —aquí especialmente apropiado—, el desencofrado tiene lugar tan pronto el hormigón ha alcanzado la suficiente coherencia. Las superficies vistas se lavan con agua y se cepillan, hasta aparecer la estructura granulométrica del hormigón. No debe profundizarse excesivamente con el lavado, para evitar el desprendimiento de los áridos. En paredes portantes o de mayor altura no deben desencofrar hasta que el hormigón haya fraguado. Entonces, la capa superficial de cemento sólo se podrá eliminar con un lavado de agua si el encofrado ha sido impregnado con un retardador de fraguado; éste, al prolongar el

Fig. 65 Esta figura (al igual que las 64 y 66) ha sido tomada del libro de Wilhelm Künzel titulado «Construcciones de arquitectura e ingeniería en hormigón visto», publicado en Düsseldorf por la Editorial Hormigón.

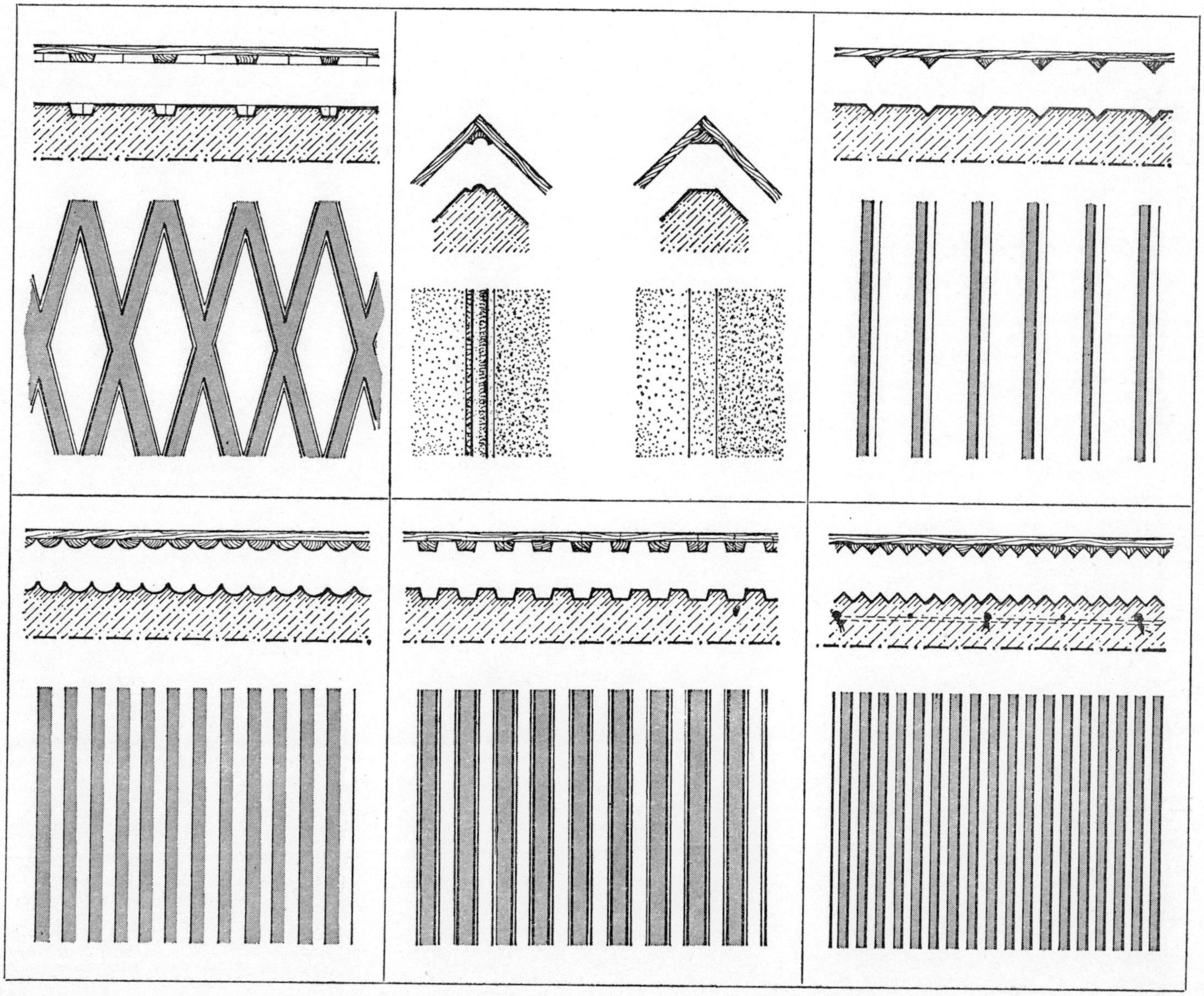

endurecimiento superficial, permite un fácil lavado una vez el interior puede admitir las solicitaciones estáticas (véase grabado 101 en página 91). Si la capa superficial no se lava, acaba por endurecerse.
Por arenado también se pueden conseguir superficies vistas. Antes que el hormigón haya adquirido mucha dureza, con el soplador de arena puede eliminarse fácilmente la capa superficial de cemento sin perjudicar la adhesión de los gránulos.
El «hormigón natural», descubierto por el arquitecto noruego Viksjö (véase página 90), abre una nueva gama de posibilidades artísticas dentro del hormigón visto.
El carácter de las superficies de hormigón visto lavadas o arenadas depende en gran parte de los áridos empleados. Éstos determinan su tonalidad (el cemento determina la tonalidad del hormigón visto); de aquí la suma importancia de una esmerada elección cromática de los áridos a emplear.
El elevado coste del hormigón labrado limita su utilización. Superficies vistas defectuosas (manchas, burbujas de aire, coqueras, juntas de trabajo irregulares, disgregaciones por vibrado, cambios de tonalidad por emplear distintas dosificaciones, etc.), resultado de una inadecuada preparación y puesta en obra, pueden arreglarse trabajándolas como la piedra que se emplea para la fábrica de sillería (véase página 25). Pero es inadecuado querer otorgar incondicionalmente al hormigón (piedra artificial) el carácter de la piedra natural trabajándolo como ésta.
En muros de hormigón armado cuya superficie debe ser labrada, los hierros deben tener un recubrimiento de más de 5 hasta 6 centímetros.

## Muros de elementos de hormigón ligero o pesado

Según la forma de los elementos resultan superficies cerradas o entramados bi- o tridimensionales. Si se trata de elementos de forma cúbica, vale lo prescrito para muros de ladrillo (véase página 17).
Las estructuras cerradas construidas a base de placas de gran tamaño, muy empleadas en las construcciones industriales y de viviendas, no se tratarán en este libro, pues ni el arquitecto ni el propietario pueden otorgar a la obra otro carácter que el resultante de proceder según las disposiciones de puesta en obra exigidas por el fabricante. Los bloques de hormigón están todavía en período de desarrollo. Nuevos materiales de encofrado que proporcionan mayor exactitud (como el material sintético y el acero) y modernos métodos para disminuir la duración del fraguado han sido condiciones técnicas previas para la producción de un nuevo tipo de bloques fabricados en serie.

**Estructuras de entramado bi- y tridimensionales**
(véanse páginas 99 a 107)

*Construcción*

Al igual que en la obra de fábrica de ladrillo, los cimientos deben alcanzar una profundidad libre de heladas. La calidad del hormigón empleado para la cimentación debe regirse según la altura y el peso del muro; para pequeñas alturas bastan las indicaciones del fabricante, de lo contrario es necesario un cálculo estático. Sobre la superficie superior de la cimentación debe echarse una capa de mortero que será nivelada y alisada.

*Puesta en obra*

Algunos elementos se rejuntan con mortero, al igual que en los muros de ladrillo o de piedra. Para estructuras de entramado tridimensionales (véanse páginas 101 a 107) se utilizan, por lo general, morteros adhesivos. Necesariamente deben tenerse en cuenta las indicaciones del fabricante.

Fig. 66

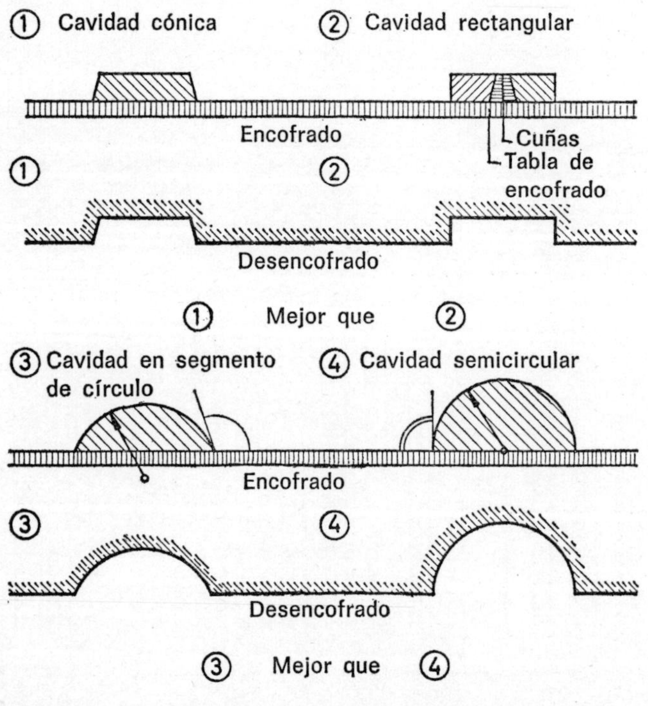


Fig. 67

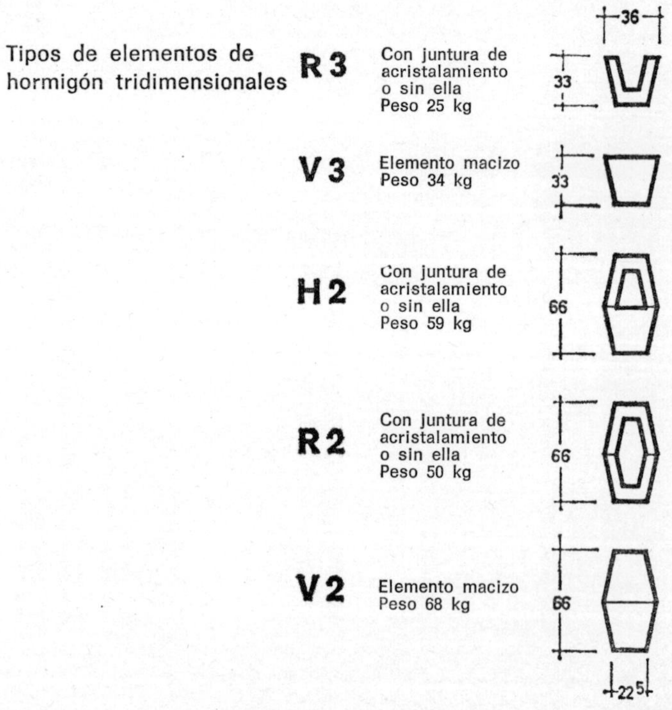

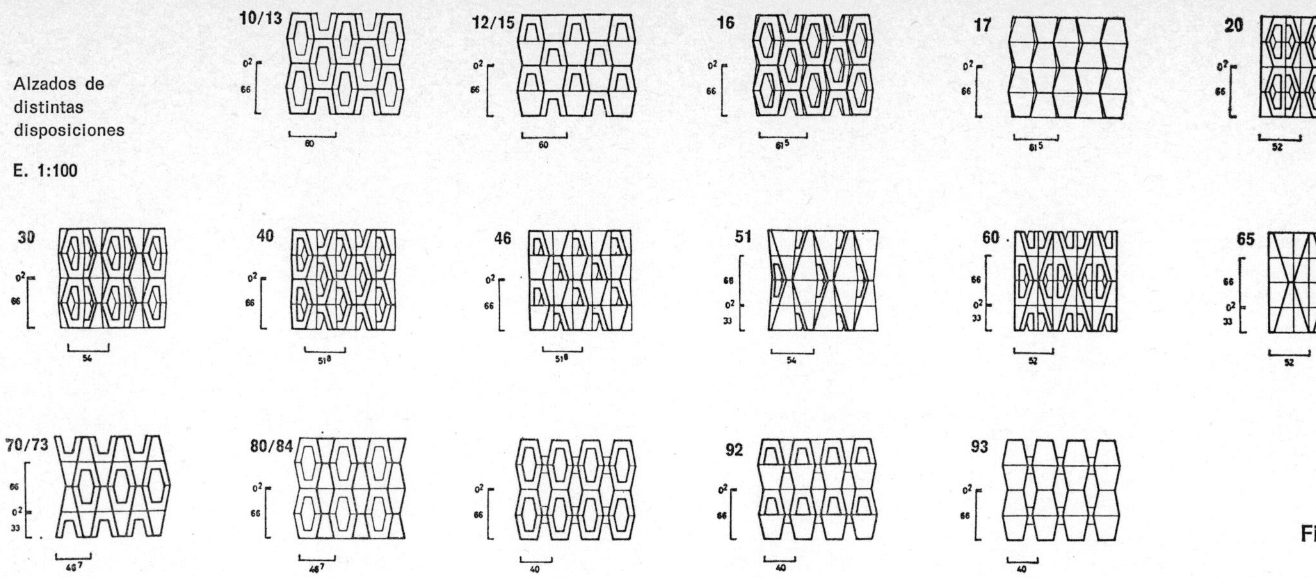


Fig. 68

Si se utilizan morteros adhesivos, la puesta en obra es distinta al modo de proceder tradicional:
Poco antes de aplicar el mortero adhesivo a las superficies a unir, ambas reciben una mano de una emulsión sintética (por ejemplo, emulsión de cloruro de polivinilo); luego, se lleva una capa delgada de mortero adhesivo sobre una de las caras y se unen ambos elementos. El espesor de la junta es de 0,2-0,5 cm según el fabricado (deben tenerse en cuenta las indicaciones de cada fabricante).
Ejemplo de una composición de gran calidad para mortero adhesivo: 1 parte en volumen de cemento por cada 1,5 partes en volumen de arena de cuarzo (arena de cuarzo secada al fuego Nr. 9, ∅ de los gránulos 0-0,4 mm); el agua de amasado se mezcla con emulsiones sintéticas (emulsión de cloruro de polivinilo) y se dosifica en la proporción 1:1.

*Acristalamiento*

Algunos elementos pueden acristalarse, pero, normalmente, se utilizan placas de 12-15 mm de espesor, compuestas de hormigón y vidrio grueso, que pueden pedirse a algunos fabricantes en el tamaño deseado.

*Proyecto*

En este capítulo y en el correspondiente al tema «muros sin mortero» se tratará detalladamente un elemento que represente una serie de productos de características parecidas.
Esta limitación no debe interpretarse como propaganda de un determinado producto industrial, sino como la solución más indicada para dar claridad al tema, mostrando con pocos tipos diversas posibilidades de utilización que sirvan para todos los elementos de características similares. Deseamos, pues, indicar especialmente que los materiales aquí mencionados han sido escogidos únicamente para representar otros muchos y también recordar que el deber de arquitectos y propietarios es examinar detenidamente la oferta antes de tomar una decisión.
El llamado «elemento tridimensional» (proyecto: Herwig Neuman, véanse grabados 124 a 127 en páginas 102 y 103) ha sido creado partiendo de un tetraedro, es decir, de la puesta en obra de estos elementos resultan estas figuras geométricas.
Gracias a sus diversas posibilidades de unión, se pueden construir 45 entramados de diferente estructura.
Incluso en los muros de grandes dimensiones no se precisan montantes ni pilares, ni tampoco juntas de separación.

Fig. 69

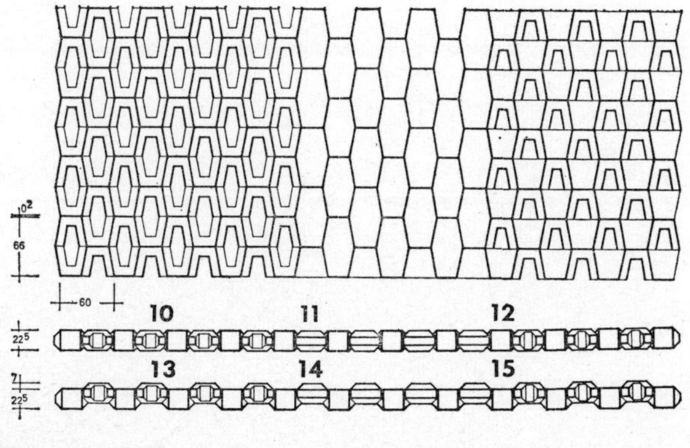


Fig. 70

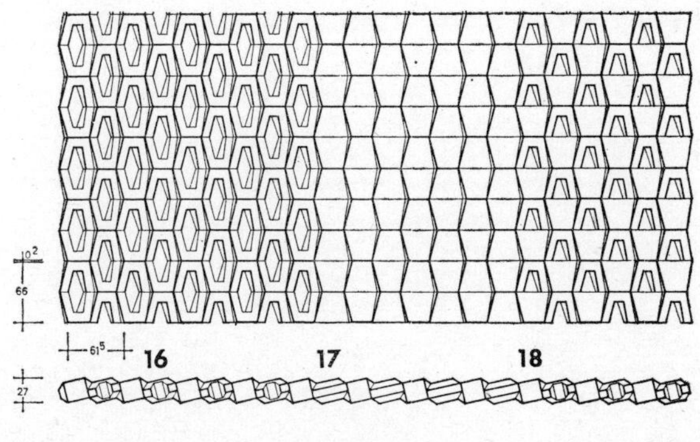

En paredes de mayores dimensiones es necesario un cálculo estático.

De todas las disposiciones posibles con ángulos de 90° respecto a la dirección de la pared y también con otros ángulos, resultan estructuras con acabados perfectos. Con ángulos de 45° se consiguen superficies alineadas y aplomadas. Para las restantes disposiciones se precisan elementos de acabado.

El «elemento tridimensional» de hormigón de calidad B 300 se vierte en moldes de acero y luego se arma (para mayores alturas existen elementos con armadura especial).

Módulo del reticulado en altura: 33 y 66 cm más 0,2 cm de una junta horizontal.

Espesor de la pared: 22,5-41 cm según disposición en obra de los elementos.

Peso: 200-500 kg/m² según disposición en obra de los elementos.

Fig. 67 Tipos de elementos de hormigón tridimensionales a escala 1:50.

Fig. 68 Cuadro sinóptico de las principales disposiciones a escala 1:100.

Figs. 69-76 Planta y alzado de diversas disposiciones a escala 1:100.

**Muros sin mortero**

(véase página 105)

Los elementos de forma cúbica de procedencia artificial no son apropiados para muros sin mortero por su fácil movilidad dentro del aparejo debido a sus lisas superficies. Con piedras procedentes de la cantera se crean trabazones más seguras gracias a las desigualdades naturales de las superficies, que encajan con las correspondientes de los bloques vecinos. Las piedras artificiales para muros sin mortero deben gozar también de esta propiedad.

Los elementos de piedra artificial para muros sin mortero (proyecto asimismo de Herwig Neumann, véanse grabados 129 y 130 en página 105) se fabrican en moldes de acero con hormigón pesado u ordinario de calidad B 300 en las formas que muestra la figura 77. Éstas permiten que los elementos queden acuñados en todas sus caras.

Posibilidades de utilización: Muros de contención, muros de protección, cercados, escaleras para jardín.

Medidas: Altura de cada hilada (en escaleras, altura del peldaño) 17,3 cm. Reticulado longitudinal 30 cm.

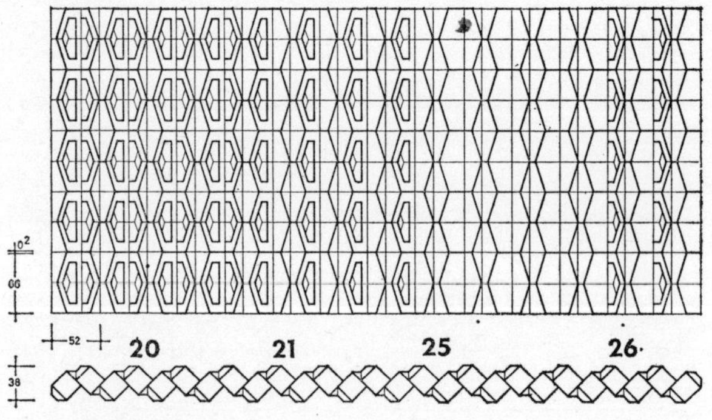


Fig. 71

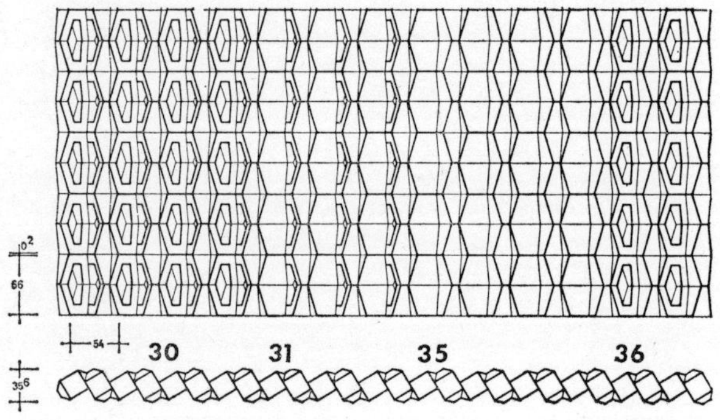


Fig. 72

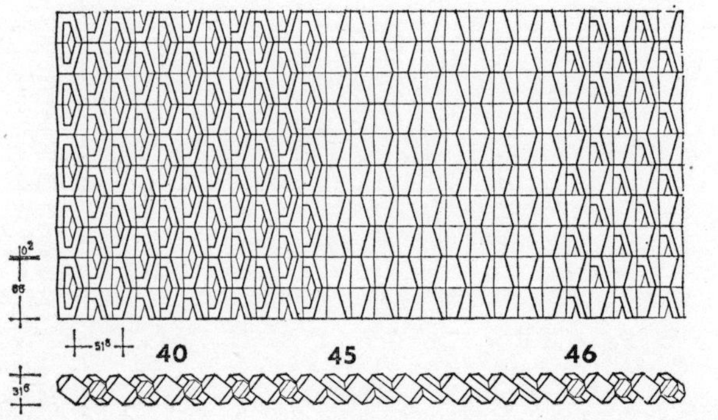


Fig. 73

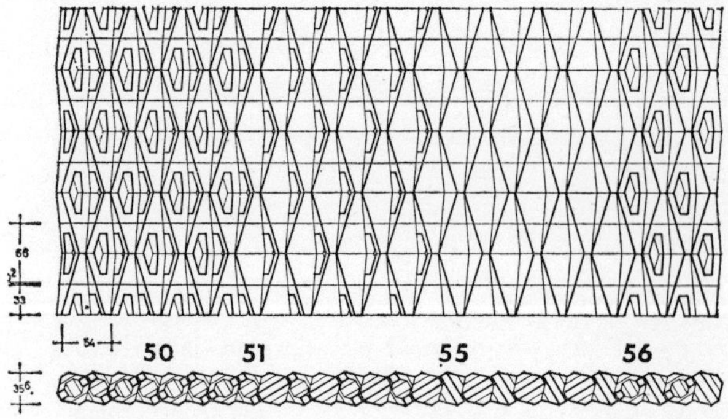


Fig. 74

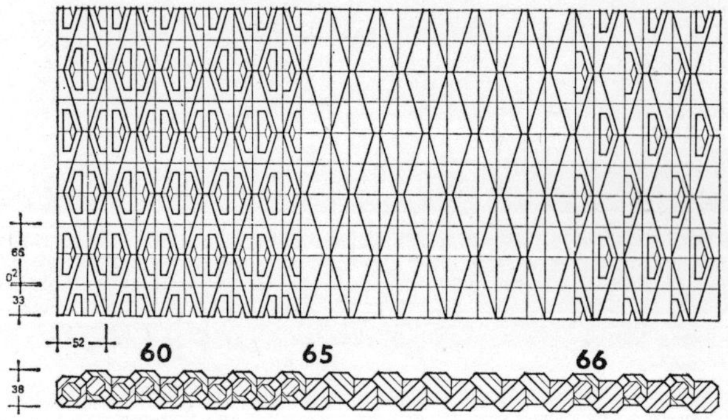


Fig. 75

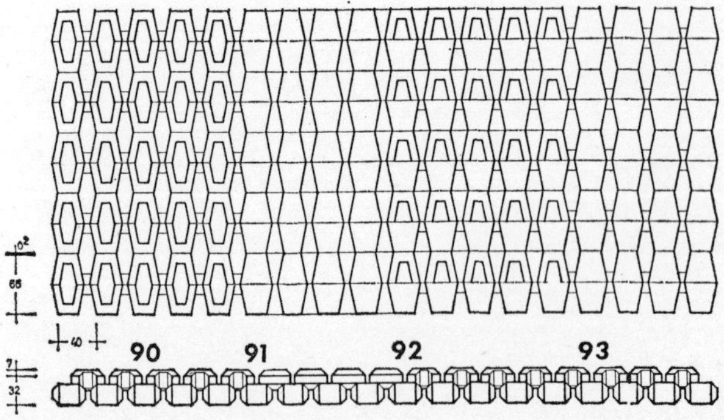


Fig. 76

Peso: De 500 a 600 kg/m².
Cimentación: Sobre el terreno apisonado 10-20 cm de gravilla u hormigón magro.

*Puesta en obra*

Sobre la cimentación se coloca con el nivel una hilada de elementos en U 1 ó U 2 (véase figura 77, lista de elementos a escala 1:50) y a continuación se construye el muro con elementos tipo N 1 y N 2 (véase figura 77). Durante la construcción de muros de contención la parte posterior debe rellenarse progresivamente con tierra, apisonándola para darle compacidad. Los elementos terminales superiores O 1 y O 2 (véase figura 77) se pueden colocar en obra con mortero para darles mejor trabazón.
Fig. 78 Sistema de colocación.
Fig. 79 Alzado. 1 terreno apisonado, 2 capa de gravilla o arena (hormigón magro), 3 hilada terminal inferior, 4 muro, 5 hilada terminal superior.

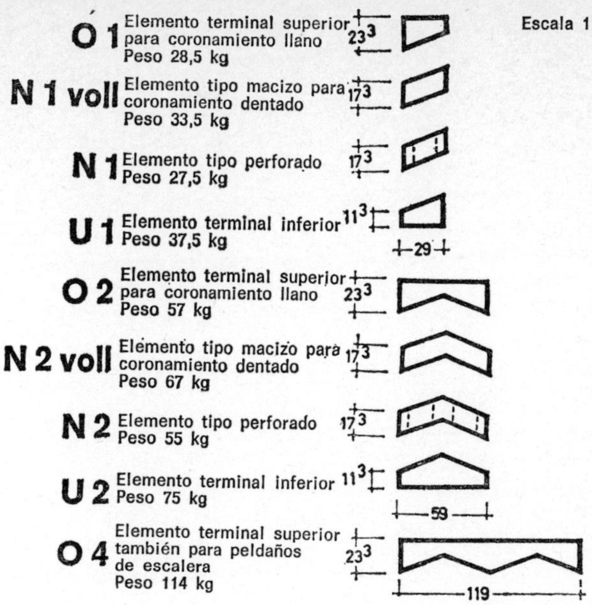

Fig. 77

*Formación de esquinas*

Un elemento angular especial permite formar esquinas de 20°-, 70°-, 110°- y 160° (véase figura 80 formación de esquinas a escala 1:100).
Fig. 81 Como ejemplo, planta y desarrollo a escala 1:100 e isometría de un muro construido sin mortero en un terreno difícil.

Fig. 80
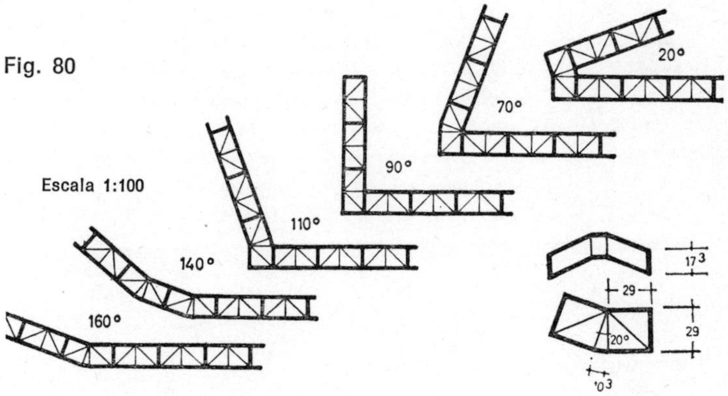

Fig. 78

Fig. 81
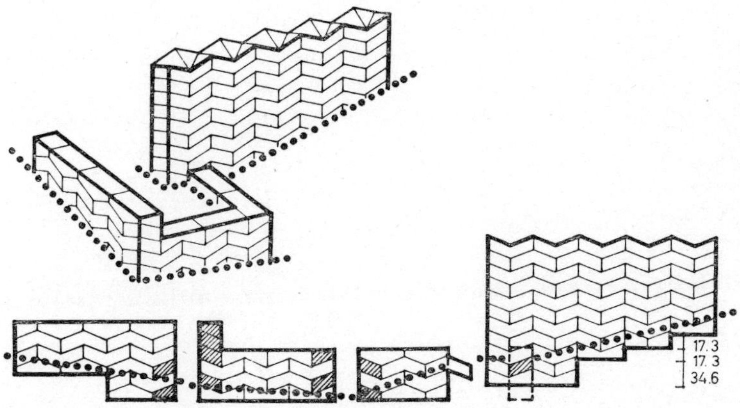


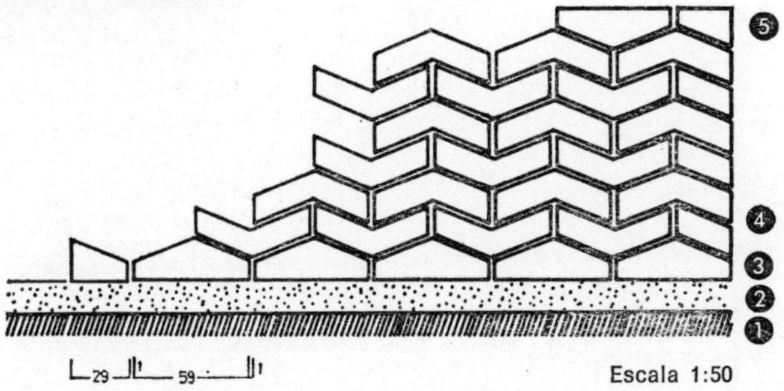

Fig. 79

# Apéndice

**Buzones, rótulos, instalaciones auditivas**

Lo más apropiado es colocarlos conjuntamente en obra de fábrica de ladrillo y si es posible en uno de los pilares del portal que da acceso al solar.

Fig. 82 Buzón y depósito, para empotrar en obra de fábrica de ladrillo. Ambos están superpuestos. La entrega y extracción tiene lugar por un mismo lado.

Fig. 83, como fig. 82, pero buzón sólo en la puerta del depósito.

Fig. 84 Buzón y depósito superpuestos para empotrar en obra de fábrica de ladrillo. Extracción por ambos lados. Su profundidad es extensible entre unos límites de 27 y 42 cm.

Fig. 85 Colocación conjunta de buzones, timbres e instalaciones auditivas para empotrar en obra de fábrica de ladrillo.

Fig. 86 Buzón con puerta rebatible (especialmente apropiada para envíos voluminosos) para empotrar en pared de fábrica de ladrillo y apropiado también para colocarlo en cercas; impermeable y de cierre automático.

Los tipos de metal ligero o acero puro inoxidable, colocados en pilares (véase grabado 20 en página 49) o independientemente del cercado en estructuras de acero, son caros y sólo deben emplearse cuando se quiere producir un gran efecto.

**Vertederos de basuras**

1. Fig. 87. En unión con el cercado, pero sólo accesible por un lado.

| | | | | |
|---|---|---|---|---|
| Capacidad | L | 60 ó | 110 l | |
| Altura | H | 875 ó | 1005 mm | |
| | | | | (875 mm sólo para cubos muy pequeños) |
| Profundidad | T | 500 ó | 550 mm | |
| Anchura | B | 720 ó | 720 mm | |

Por cada puerta adicional el compartimiento se ensancha en la medida B + 70 mm. Las luces interiores deben acotarse 1-2 cm más grandes que las medidas arriba indicadas.

2. Fig. 88. Separado del cercado, accesible por un lado.

| | | | |
|---|---|---|---|
| Capacidad | L | 60 ó | 110 l |
| Altura | H | 960 ó | 1090 mm |
| Profundidad | T | 620 ó | 620 mm |

Fig. 82

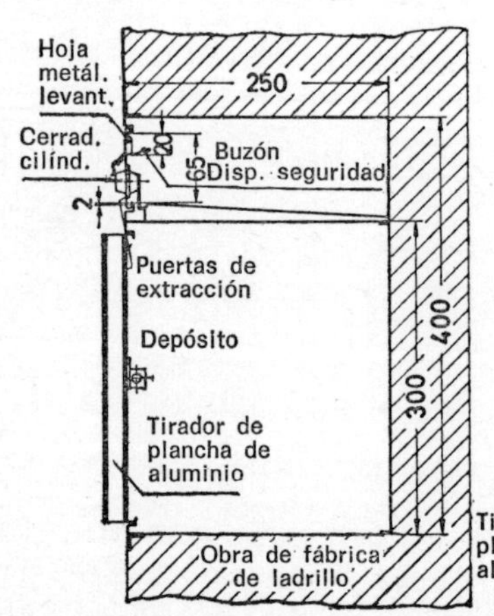


Fig. 83

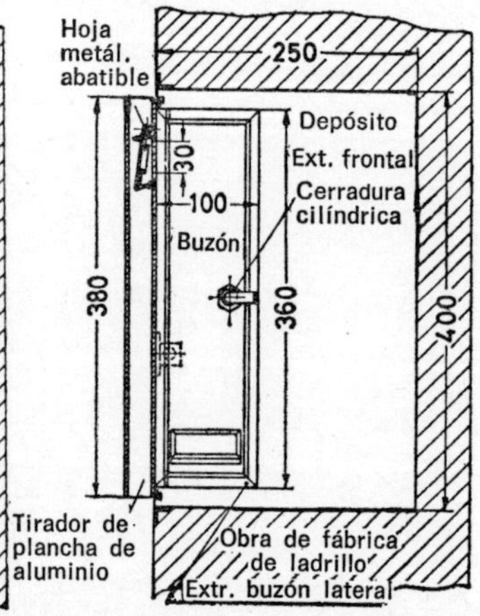


Fig. 84

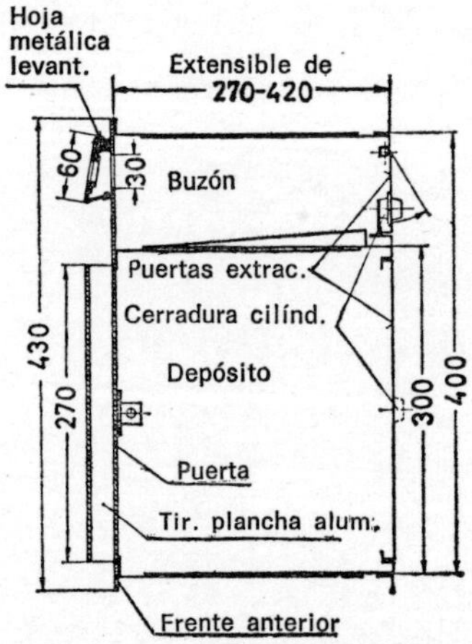


Fig. 85

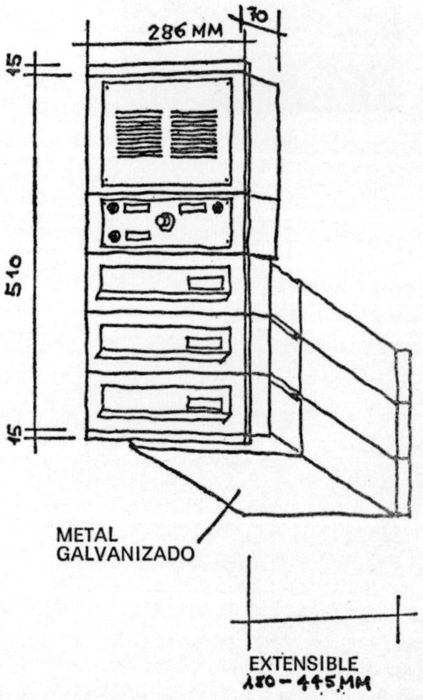

DIMENSIONES TOTALES

ANCHURA × ALTURA × × PROFUNDIDAD EN mm

350 × 250 × 90
400 × 300 × 110
500 × 350 × 110
600 × 500 × 130

MEDIDAS DE ABERTURA

330 × 30
380 × 30
480 × 30
580 × 30

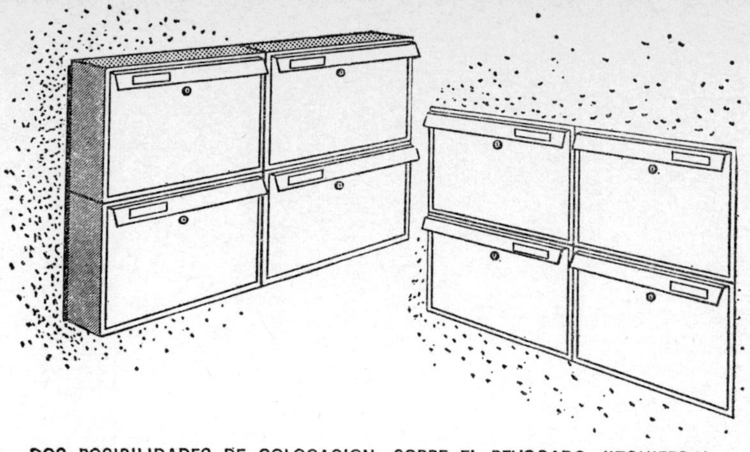

DOS POSIBILIDADES DE COLOCACION: SOBRE EL REVOCADO (IZQUIERDA) Y EMPOTRADO (DERECHA)

Fig. 86

Compartimiento para un cubo $B_1$ 800 ó 800 mm
Compartimiento para dos cubos $B_2$ 1590 ó 1590 mm
Compartimiento para tres cubos $B_3$ 2380 ó 2380 mm

Las medidas del zócalo deben ser 3 cm más pequeñas que las indicadas para los compartimientos, con el fin de evitar retenciones de salpicaduras de agua. Altura mínima del zócalo 12 cm.

3. Fig. 89. En unión con el cercado, accesible por ambos lados.

| | | |
|---|---|---|
| Capacidad | L | 110 l |
| Altura | H | 1060 mm |
| Profundidad | T | 620 mm |
| Anchura | B | 780 mm |

Este tipo permite también alineaciones en batería.

Los tres tipos mencionados se encuentran en el mercado con diversidad de acabados y con medidas parecidas a las indicadas. Éstas se adaptan a las de los cubos que se suministran en Munich (anchura × profundidad × altura–415 × 415 × 870 mm), y corresponden aproximadamente a las medidas normalizadas en la mayoría de las ciudades alemanas.

Antes de realizar el pedido es aconsejable cerciorarse de las medidas de los cubos empleados en la recogida de basuras.

Fig. 88

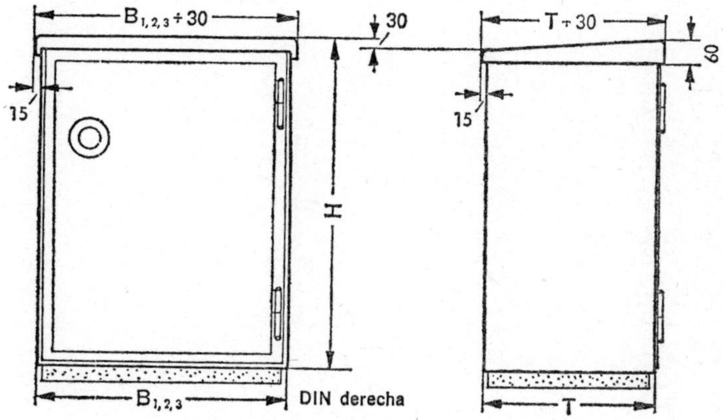


Fig. 87

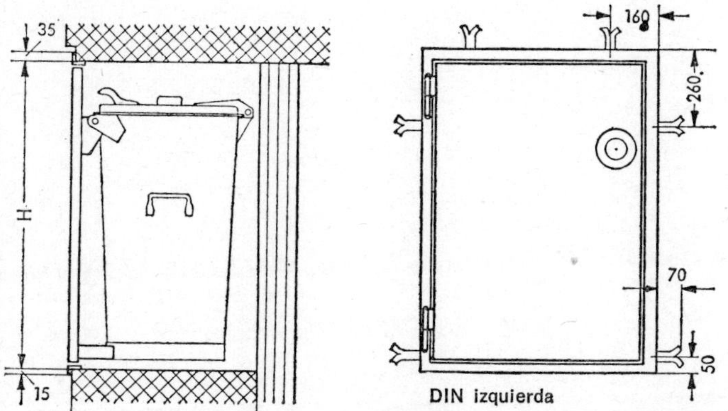


Fig. 89

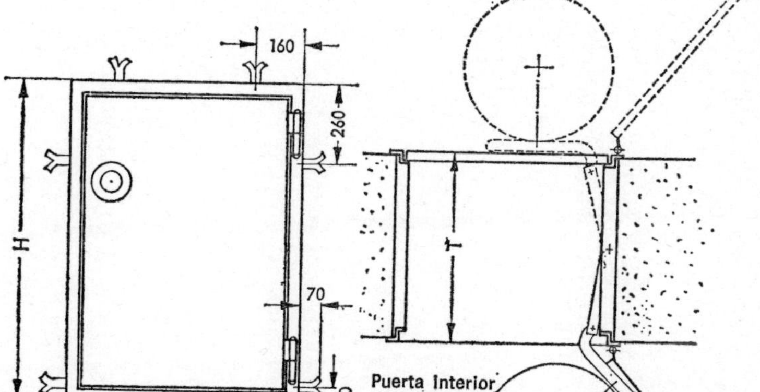

# Parte de grabados

1

**Construcciones de antaño**

Las piedras amontonadas unas sobre otras, sin aparejo, crean un cercado de escasa altura que determina óptica y jurídicamente los límites del terreno. Esta antigua forma de construcción, como la que nos muestra el grabado **1,** junto a la costa de Bornholm, no ofrece una verdadera protección contra el paso de personas y animales. El muro, como verdadera protec-

2

ción contra intrusiones, proviene de la construcción de viviendas; la superficie descubierta, rodeada por un muro, está muy relacionada con la casa (patio interior). Allí donde la obra de piedra deba asumir, además, la función de protección se pone en práctica la técnica del aparejo, como muestra el muro bajo de cantos rodados no trabajados emplazado también junto a la costa de Bornholm **2;** su aparejo es poco estable y tosco; la estabilidad adicional se ha logrado por medio de un seto. El cercado de un pasto en el sur del Tirol **3** fue también construido con cantos rodados no trabajados. Mucho más tarde se empezó a utilizar el mortero en obras de piedra, como en el cercado del solar de cantos rodados no trabajados del grabado **4.**

3

4

**5.** Cercado artístico de la exposición de jardinería de 1965 en Oslo. La forma antigua del muro se pone de manifiesto como solución constructiva actual, totalmente legítima, por ser las delimitaciones fenómenos naturales exentos de carácter histórico. La cerca, en contraposición con el muro, tiene, incluso en sus más antiguas formas, la función de proteger y aislar. La escasa vida del material (madera) lo hace inapropiado para la determinación jurídica del solar. Muy a menudo se presentó la necesidad de cercar pastos y proteger propiedades privadas del ganado u otros animales no domésticos. También algunas fortificaciones antiguas son de cercas de madera (a base de estacas). En cercados de construcción antigua raramente se encuentran vallados de madera trabajada, por estar más expuesta a la putrefacción. El tipo más usual es el de troncos no trabajados (como la cerca de un pasto, **6**, en Escandinavia); de ellos derivan la mayoría de las formas construidas actualmente. El cercado de un pasto del sur del Tirol, **7**, se compone de troncos a media asta. Este tipo de cercado se conserva durante muchos años. Los troncos se seccionan axialmente por medio de cuñas, forma de no deteriorar el sistema capilar de la madera (como, por ejemplo, aserrando) y el agua no encuentra ningún punto expuesto a la putrefacción. Las estacas hincadas en el suelo están unidas entre sí, sin clavos, por medio de un trenzado de mimbre.

5

6

7

8

9

**Cercas de madera**

El grabado **9** muestra una cerca, técnicamente poco satisfactoria, de entramado cruzado o diagonal, compuesta de troncos acepillados, que se diferencia de las «cercas de cazadores» —compuestas generalmente también de un entramado cruzado— por su transparencia y elegancia. Su duración ciertamente no será larga debido a sus numerosos puntos expuestos a la putrefacción.

El tipo que debería estar más generalizado en el norte y centro

10

13 ▷

11

12

de Europa es el de entramado vertical, como la acertada variante de este tipo de cercado que muestra el grabado **10.** La alejada colocación de los montantes de madera, aun obligando a un mayor número de travesaños (5 en lugar de 2), ha permitido una solución de gran transparencia.

Las estacadas, forma especial de las cercas de entramado vertical, no sólo se encuentran en el norte o centro de Europa. Precisamente por ser posible la utilización de troncos delgados, y de madera de calidad inferior, este tipo es apropiado para regiones pobres en madera. El grabado **11** muestra un ejemplo en Israel. Material: troncos de eucalipto, madera blanda y poco compacta.

Arquitecto: Arieh Sharon, Tel-Aviv.

Grabado **12,** estacada de troncos de pino a media asta.

Página de la derecha:

Un ejemplo que demuestra que las cercas pueden llegar a ser elementos compositivos en zonas urbanas; cerca de entramado vertical de madera escuadrada de pino rojo, en una zona residencial de San Francisco. Arquitectos: Marquis y Stoller, San Francisco.

14

Cercas de madera escuadrada como la del grabado **14** (arquitecto: Lennart Bergström) son especialmente apropiadas para el cercado de casas con atrio y de zonas residenciales con otros tipos de casas de una planta; los costes de manutención, relativamente grandes (cada dos años pintar de nuevo) pueden ser aceptables siempre que se trate de pequeñas dimensiones.
La singular estacada de delgados troncos sin corteza, **15,** aísla el solar al igual que un muro, pero, gracias a su ligereza, no aparece a la vista como elemento dominante del conjunto. Arquitecto: Serge Chermayeff.

Las cualidades urbanísticas (composición volumétrica, forma) de los cercados de las propiedades privadas de una zona residencial en Basildon, Inglaterra, **16, 17,** son mayores que las funcionales. En las cercas de composición horizontal debería evitarse toda construcción en la que los travesaños puedan servir a modo de peldaños. El plano de emplazamiento a escala 1:1000 muestra una hábil conexión entre la casa y el jardín; la cerca —pensada ya desde principios del proyecto— forma parte integrante del conjunto. Arquitecto: D. Golloway, Basildon.

15

16

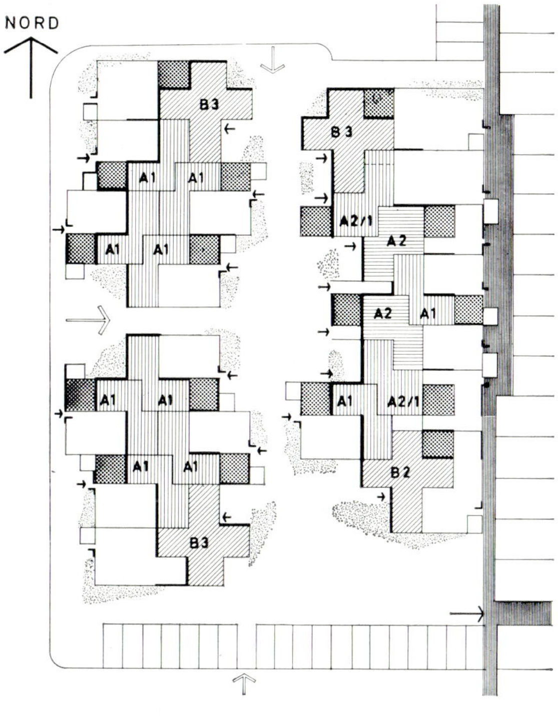


17

18

19

En estas dos cercas de maderamen horizontal, **18, 19,** también vale lo mencionado respecto al ejemplo **16, 17:** Las cercas no deberían poder ser utilizadas como escaleras.

El grabado **18** muestra el cercado tipo de la urbanización Albertslund-Syd en Dinamarca (arquitecto: Knud Svensson). Material: madera de pino aserrada, sin acepillar, impregnada con agentes conservadores de la madera. Su tonalidad oscura y su estructura en composición con las fachadas claras y lisas crean un ritmo muy interesante.

También la cerca en la «New Town» Cumbernauld en Escocia, **19,** tiene la función de delimitar el espacio destinado a peatones. Su composición horizontal acentúa la pendiente de la calle.

Cerca de madera escuadrada con maderamen horizontal, **20,** en un solar de propiedad privada en las proximidades de Munich (arquitectos: Werner Böninger y Peter Biedermann, Grünwald). Los grabados **21** y **22** muestran otro tipo de cercado en Cumbernauld: marcos prefabricados de igual tamaño con láminas verticales de fabricación artesana fijados entre estacas. Su forma repite el escalonamiento formado por las cumbreras de las casas alineadas y acentúa la topografía.

20

21

22

23

24

Después de una serie de ejemplos con maderamen horizontal y vertical, dos cercas, **23** y **24,** que superan los límites de la perfección. En los ejemplos anteriores, aun con toda su gran calidad artesana, predominaba la armonía de conjunto (arquitectura, composición urbanística, topografía). Sin embargo, aquí se ha pensado únicamente en el detalle; un perfeccionismo absurdo, dimanado del concepto de pared interior.

25

26

27

Otra forma especial de la cerca de madera es la de láminas móviles; los grabados **25** y **26** muestran una construcción de este tipo como delimitación de un atrio. Arquitectos: Rainer Disse, Wolfgang Hirsch, Theo Schlüter, Dieter Stahl, Karlsruhe. Especialmente en patios interiores, muy a menudo se precisa transparencia, y, al mismo tiempo, protección contra miradas ajenas.

**27.** Una acertada combinación de cerca y muro, forma exigente que resulta de las prerrogativas del proyecto, solución que no puede repetirse como «receta» para cualquier circunstancia. El muro de hormigón facilita la exactitud de delimitación del solar en el tramo curvo. El resto, teniendo en cuenta el carácter del paisaje, ha sido construido con madera de pino.

28

29

Las mismas ventajas del ejemplo anterior pueden perseguirse utilizando elementos desplazables, **28** y **29.** Este tipo de cercado puede proporcionar una protección más eficaz que el de láminas móviles. Existen muchas posibilidades constructivas; en este caso, los elementos de la cerca, desplazables lateralmente, cuelgan de un raíl de acero. Arquitecto: Günther Eckert, Hohenschäftlarn.

30

31

Cerca compuesta de vigas de madera superpuesta, **30.** Los terminales de las vigas han sido taladrados verticalmente y atornillados a la cimentación. Otras formas especiales para cercados de madera: cerca de madera escuadrada (EE. UU.), prefabricada industrialmente, con maderamen vertical, **31.**

32

33

Caras anterior y posterior, **32** y **33,** de una cerca escuadrada, prefabricada industrialmente, en EE. UU. La apretada composición vertical de los delgados montantes produce un efecto grácil y elegante. A pesar de su sencillez, su precisión técnica es demasiado elevada para poder fabricar este tipo por métodos artesanos.

Los dibujos muestran dos prototipos de cercas de madera intransparentes, del programa de una empresa americana; el de la izquierda, con montantes verticales; el de la derecha, horizontales. Ambos tipos permiten numerosas variaciones. Con maderamen en ambas caras se consigue el efecto de composición y delimitación volumétrica propio de los muros de envergadura; por este motivo son muy apropiados para utilizarlos en las zonas donde no está permitida la construcción de cercados masivos (muros). La fabricación artesana no debería representar dificultades o significar un encarecimiento considerable mientras no exista una correspondiente oferta de la industria en cuanto a tipos prefabricados.

Cerca decorativa de troncos sin corteza en un parque cercano a Copenhague, **34.**

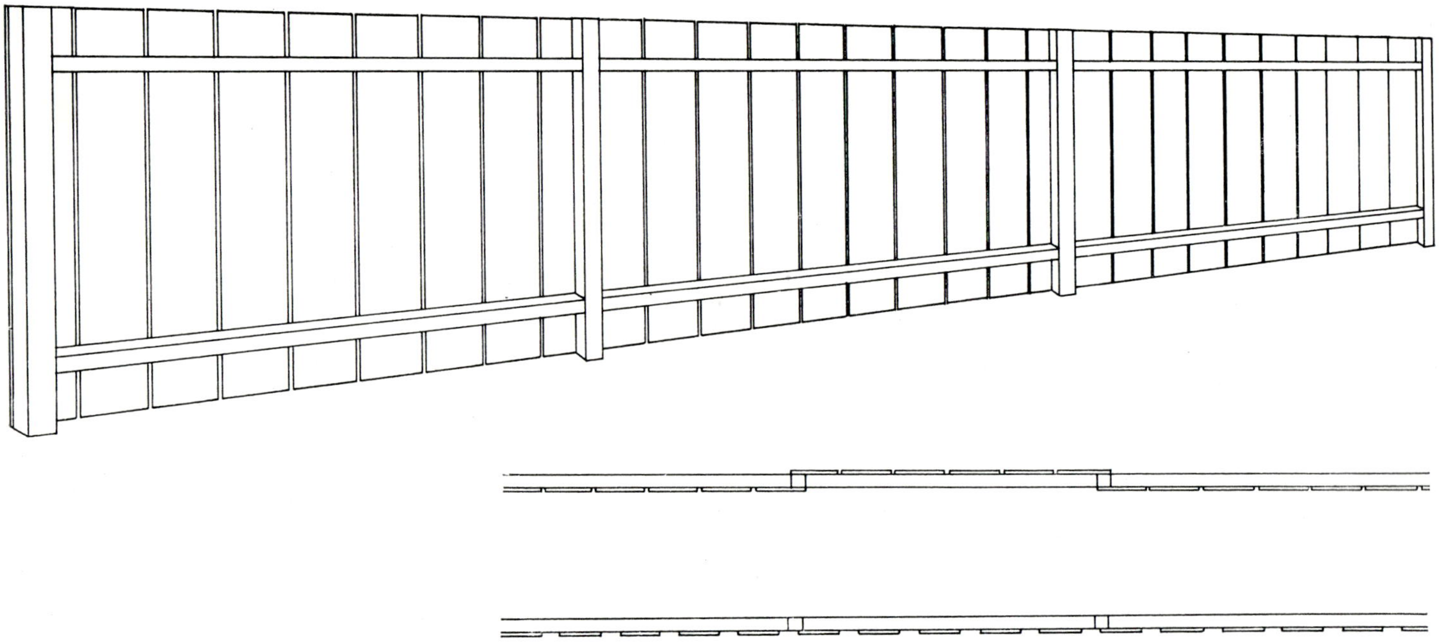

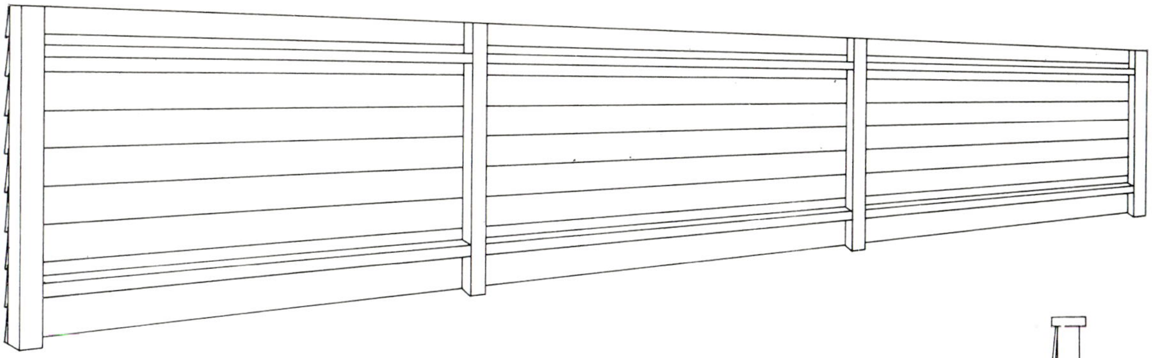

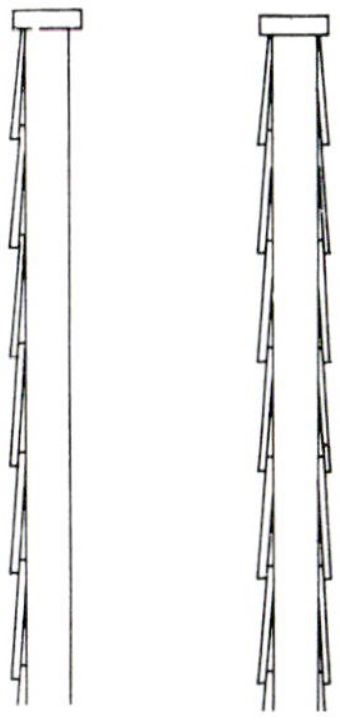

34

35

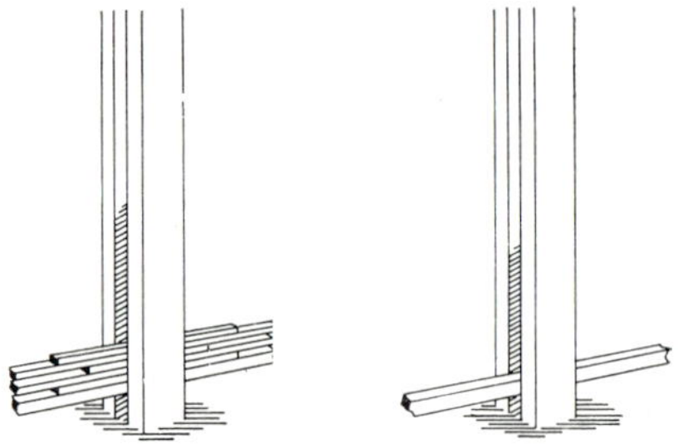

36

37

Otros dos tipos de los muchos catalogados en EE. UU. Mientras la cerca de montantes horizontales, **36,** sólo parece apropiada para zonas con condiciones climáticas constantes y precipitaciones reducidas, la del grabado **35,** de superficies transparentes, compuestas, en sección, de delgados listones de madera superpuestos, también es apropiada para Europa central siempre que se utilice madera considerablemente insensible a las influencias atmosféricas (por ejemplo, de pino). La fabricación artesana de este último tipo condiciona un encarecimiento considerable, siendo entonces sólo económico si se trata de dimensiones relativamente pequeñas, como sucede en partesoles o elementos destinados a producir sombra.

Antes de la existencia de clavos o tornillos, las cercas se construían muchas veces a base de trenzados. La ventaja técnica de una composición de este tipo sin diferenciación en elementos portantes y no portantes (estacas, travesaños, montantes) no ha sido aprovechada en el ejemplo **37.** En cambio, su estructura horizontal, que proyecta interesantes sombras, corresponde a las formas de antaño. Por otra parte, esta cerca proporciona una eficaz protección contra miradas ajenas, conservando al mismo tiempo gran transparencia. Los elementos portantes son perfiles metálicos cuadrados, el maderamen horizontal es de tablas acepilladas de 15 y 26 mm de espesor y 15 cm de ancho, impregnadas con agentes para la conservación de la madera.

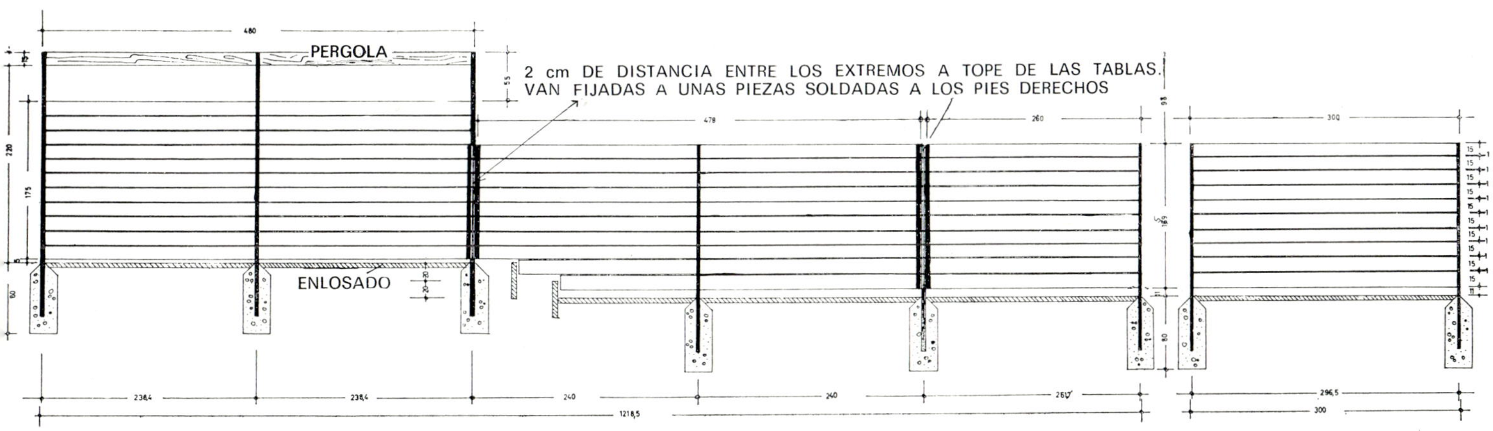

39

◁ 38

El grabado **38** muestra una tradicional cerca de tejido empleada por los arquitectos Howell, Killick, Patridge y Amis para el cercado de los jardines de unas casas en hilera, en Inglaterra. Aquí se ponen claramente de manifiesto las ventajas de este tipo de cercado; la apretada trama protege de miradas, factor muy importante tratándose de estrechas parcelas en casas en hilera. Las cercas de tejido no tienen gran duración, pero no precisan de cuidados. Es importante que el entramado sea de varillas redondas no trabajadas, o, como en el ejemplo, de varillas no aserradas partidas radialmente. Es aconsejable dejar crecer matorrales junto a ellas; en corto tiempo formarán un bonito seto

40

41

42

impenetrable, que, una vez la cerca estropeada, asumirá una función protectora y delimitadora.
Dos ejemplos de cercas de tejido con trama vertical. La cerca de virutas aserradas posee gran atractivo, pero no es recomendable por su corta duración, **39.** En los puntos de contacto entre las virutas verticales y la urdimbre se acumula agua, que pudre rápidamente las delgadas placas de madera aun con una cuidadosa impregnación.
La cerca de varillas no trabajadas es técnicamente más favorable, **40;** su bonito entramado permite percibir igualmente la composición y delimitación volumétricas.

Para concluir, unas cercas más con montantes horizontales: de troncos no trabajados de abeto rojo **41, 42** y de ramas de árboles de fronda con estructura parecida a una cerca de tejido con trama horizontal, **43.** Especialmente las estructuras de entramado horizontal permiten buenas composiciones volumétricas y facilitan protección contra miradas ajenas. Paradójicamente, una cerca de este tipo proporciona mayor protección contra el viento que un muro. Las múltiples aberturas de su estructura crean muchos torbellinos que se anulan mutuamente, mientras, por el contrario, detrás de un muro de superficie cerrada se forman torbellinos descendentes.

43

44

45

**Cercas de fibrocemento**

El fibrocemento es un material que se emplea cada vez más en la construcción. Por su ligereza y por no precisar de cuidados, es especialmente apropiado para cercados. Las múltiples posibilidades constructivas con elementos de fibrocemento están sujetas a las limitaciones de la oferta industrial, actualmente aún poco compleja. Éste es el motivo del reducido número de ejemplos aquí presentado en los que este material se utiliza.

El grabado **44** muestra una cerca de fibrocemento con perfil de ataguía (anchura de los perfiles anteriores y posteriores 175/160 mm) en Karlsruhe, proyectada por los arquitectos Colling y Schneider, Karlsruhe. Su altura es de 175 cm, las placas están atornilladas por medio de piezas de perfil en U y de tuercas a la estructura portante de perfiles metálicos redondos.

En el grabado **45**, detalle de otra cerca de perfil parecido.

En el grabado **46**, una mampara de protección de fibrocemento proyectada por F. W. Kraemer, Brunswick, para la zona de estar al aire libre de una casa unifamiliar en Klein Stöckheim. Aquí no se utilizaron placas, como en el ejemplo anterior, sino elementos de perfil en L, separados entre sí y fijados en una cimentación de hormigón magro. De esta forma se eliminaron los remolinos de viento.

46

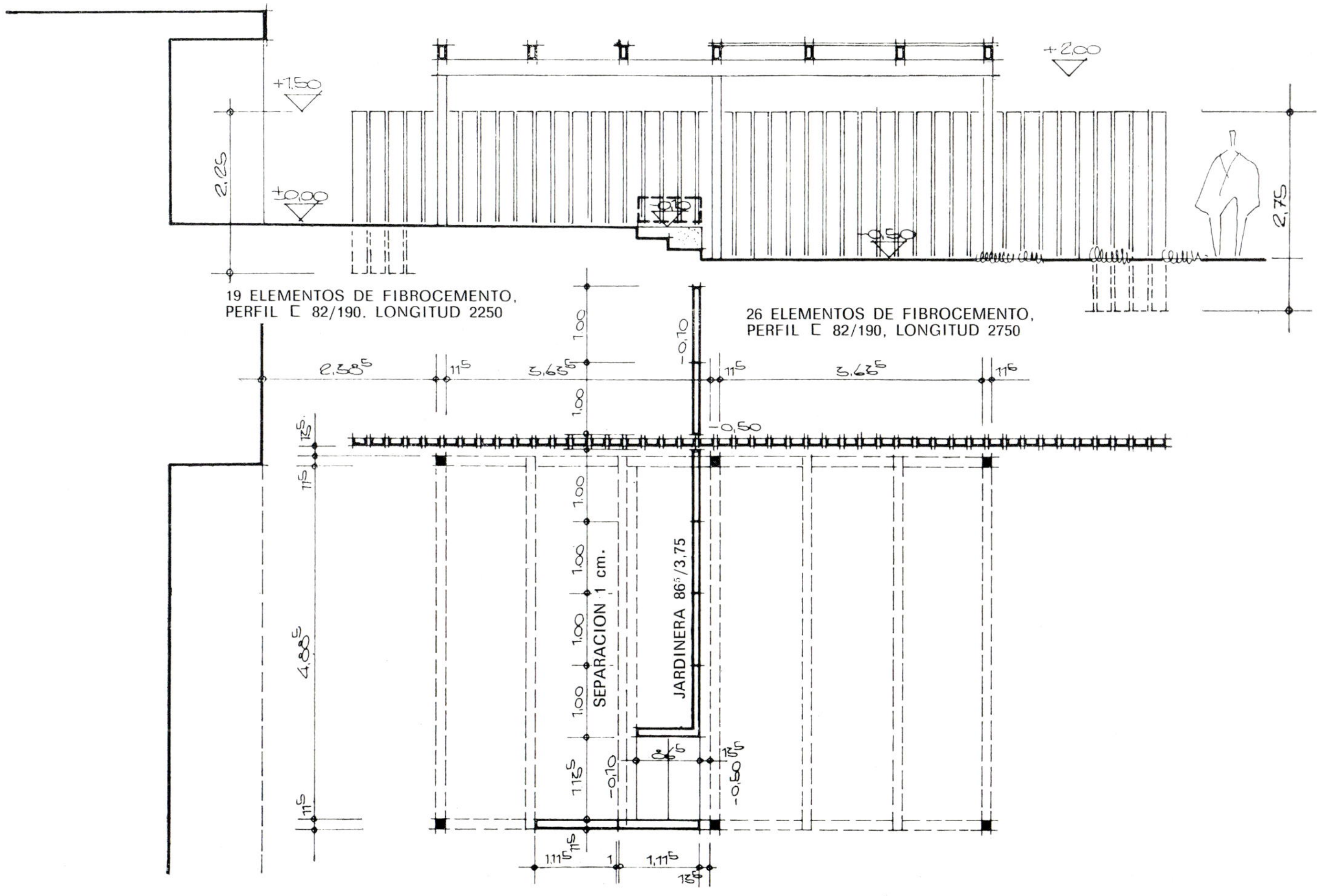

Las posibilidades de variación son ilimitadas. En relación con la naturaleza y jardinería el fibrocemento resulta especialmente apto como material para cercados. Donde las ordenanzas exigen cercados no transparentes —en parques y en jardines de casas unifamiliares aisladas, donde el aspecto pesado y en masa de los muros produciría composiciones demasiado severas— se presta la utilización de este ligero material de sencillo perfilado y discreto color gris.

El grabado **47** muestra un jardín público en Schötmar (proyecto: Dirección de urbanismo municipal), aislado de la calle por medio de una cerca de ataguía autoportante. Gracias a la gran resistencia de las placas de ataguía y onduladas, generalmente no se precisa de una base portante (véase grabado **44**). Las placas sólo muestran resistencia en una dirección. Si por motivos de composición se desean cercas, de ataguía u onduladas, con perfilado horizontal se precisará de una construcción portante, como en el proyecto de un cercado de ataguía horizontal de Martin Dükers en Hannover, **48** y **49.**

47

48

49

50

Los perfiles en doble T están cimentados en un antepecho de hormigón «in situ»; luego, las placas se han introducido, de arriba abajo, en las guías que forman los mencionados perfiles.
La construcción de la esquina es más problemática que en el caso de un perfilado orientado verticalmente; su composición, sin embargo, resulta convincente. Si se desea conseguir una composición horizontal que no ofrezca a los niños la posibilidad de utilizar la cerca como escalera, como ya se indicó en las cercas de madera de entramado horizontal, se emplearán placas onduladas de fibrocemento.
En el grupo residencial de una planta, **50, 51,** proyectado por Eduard Ludwig para la Interbau de Berlín, el fibrocemento fue el material más empleado. Los cercados de los atrios a toda la altura de planta y en unión con la arquitectura muestran, con mayor intensidad que en los ejemplos anteriores, el carácter propio del muro. Sin estructura portante, descansan sobre una cimentación de hormigón magro, recubierta con humus. De esta forma, el césped puede crecer junto al cercado. A nivel del terreno no se producen desperfectos, como ocurre corrientemente en las cercas de madera.

51

52

En tiempos pasados, Charlotte Perriand, colaboradora de Le Corbusier, proyectó, para una exposición de arquitectura, un pequeño chalet-tipo, cuya terraza dividió por medio de una pantalla de fibrocemento, **52.** Ésta se compone de conductor de humos o ventilación de sección cuadrada, dispuestos independientemente sobre una cimentación de hormigón magro. Este ejemplo muestra nuevos caminos. Casi cada perfil de fibrocemento —incluso tipos destinados a funciones totalmente distintas— es apropiado para construir cercados o mamparas de protección.

**Cercas de vidrio**

El vidrio como material para cercados: es ésta una idea que en principio desconcierta. Pero los ejemplos siguientes muestran la forma óptima con que pueden resolverse algunos cercados con este material. El vidrio es translúcido —cualquiera que sea su matiz, desde el más claro hasta el más opaco— pero, al igual que la obra de fábrica de ladrillo, totalmente hermético al viento.

H. Weitemann, Stuttgart, cercó el atrio de una casa en Aich con vidrio colado translúcido, no transparente, de superficie muy áspera, **53** (véanse también los dibujos de la página siguiente). De esta forma, el pequeño patio parece mayor y recibe mucha luz sin perder intimidad.

53

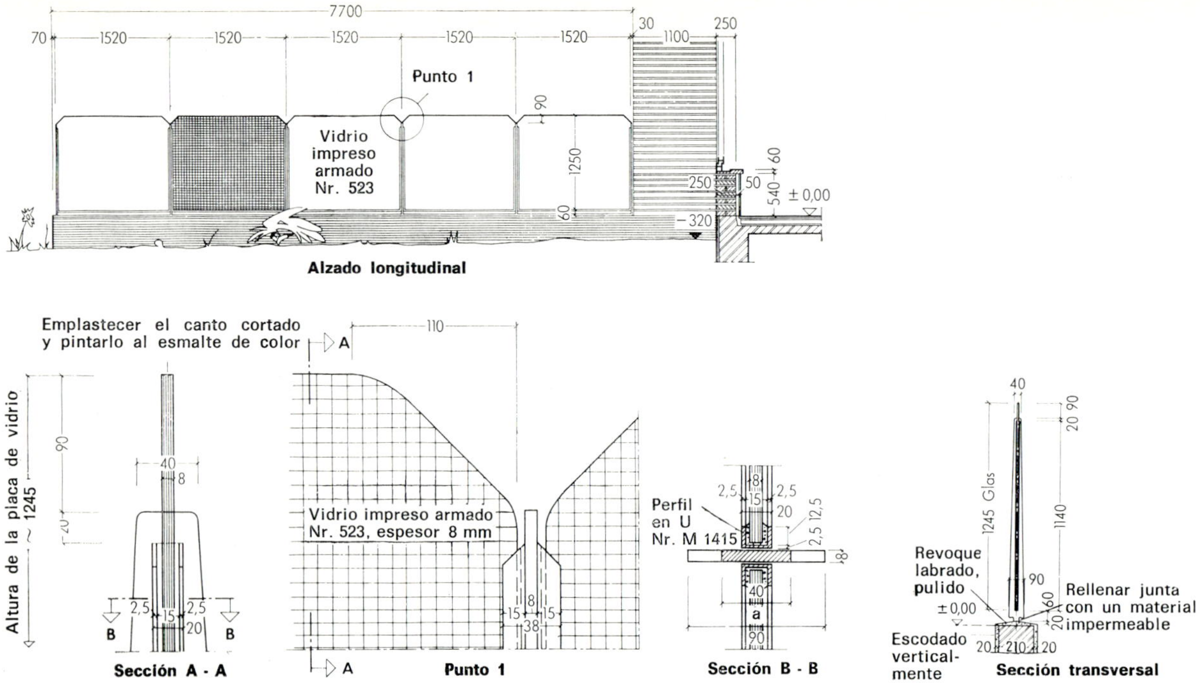


Mampara de protección para una clase al aire libre de una escuela en Saarburg. Arquitecto: Johannes Krankurt (véanse grabados **56** y **57**).

Cercado de un atrio. Arquitecto: H. Weitemann, Stuttgart (véase grabado **53**).

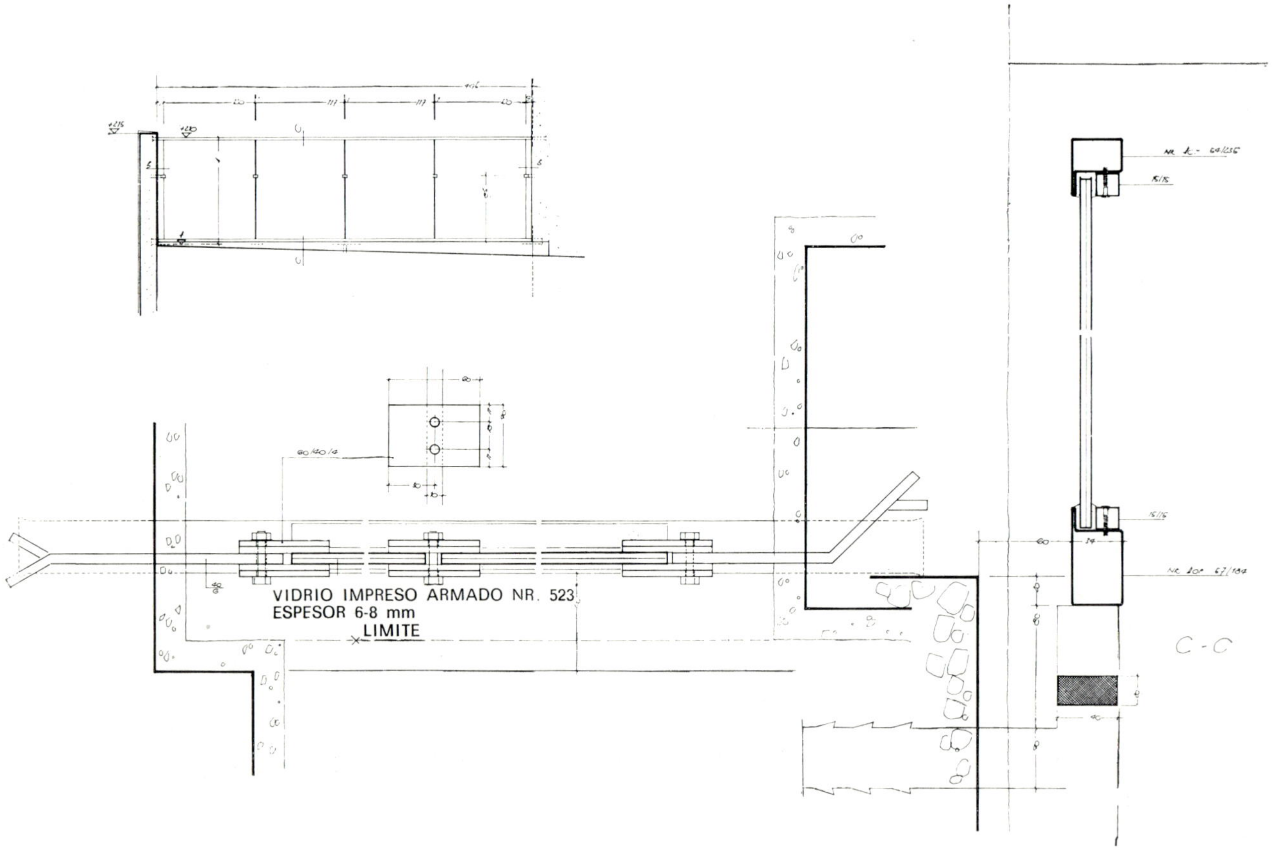

En las estrechas parcelas de las casas en hilera siempre se presenta el problema del cercado. Generalmente, se resuelve con cercas abiertas de poca altura —para evitar los muros de fábrica de ladrillo, de aspecto oscuro y húmedo que se construían con este fin a principios de siglo— que no crean un cerramiento eficiente frente al jardín vecino, ni tampoco protegen de las miradas ajenas. Las pantallas de protección, de vidrio impreso armado, empleadas por R. Gäs para unas casas en hilera, de Düsseldorf, **54, 55** (y dibujos en la página siguiente), representan una buena solución. La jardinería ofrece un aspecto de continuidad a través de todo el conjunto, pero, al mismo tiempo, cada parcela queda protegida de las miradas vecinas. El vidrio armado es más resistente que otras clases de vidrio colado, por lo que su empleo resulta más ventajoso si se tienen en cuenta los posibles desperfectos que los niños pueden ocasionar con sus juegos.

54

55

Del arquitecto Johannes Krahn, Frankfurt, proviene la escuela francesa en Saarburg. Las clases al aire libre, frontales a las interiores, debían gozar de aislamiento óptico y acústico sin que las mamparas de protección pareciesen interrumpir la fachada. Por lo tanto, el problema es parecido al que se presenta en las casas en hilera. El estudio del problema dio por resultado que el vidrio impreso armado de 8 mm de espesor cumplía con las exigencias citadas, **56, 57** (y dibujos de la página 66), pudiéndose así evitar los muros de obra.
El vidrio impreso armado escogido, Nr. 523, goza de una propiedad especialmente adecuada para este caso; desde cerca —o sea, desde cada clase exterior— es casi opaco; sin embargo, visto desde lejos resulta muy transparente.
El arquitecto Kröber, de Rotenkirchen, proyectó para una casa unifamiliar en Hahnwald una pantalla de vidrio armado para protección óptica y contra el viento (**58** y detalles en página 70). Las placas de vidrio fueron montadas en marcos de acero; solución menos elegante que una sujeción puntual, pero más duradera. En principio, había sido prevista una placa de fibrocemento sobre el nivel del terreno (véase detalle), pero más tarde se renunció a ella. El vidrio no debería llegar nunca hasta el nivel del terreno —una desventaja de este material—, pues, de lo contrario, se ensucia con rapidez.

El ejemplo **59** muestra el cercado de solar proyectado por el arquitecto Ruempler, de Colonia. Para evitar los remolinos de aire que necesariamente se forman detrás de una pared cerrada, la cerca se construyó a base de paneles aislados. Los pequeños torbellinos que se forman en las juntas se anulan entre sí.

Mamparas de protección en jardines de casas alineadas. Arquitecto: R. Gäs, Düsseldorf (véanse grabados **54** y **55**).

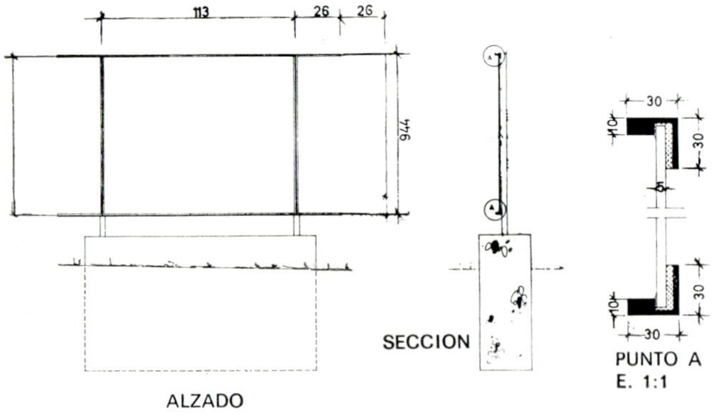


56

57

58

59

60

61

August Schabram, de Colonia, proyectó la cerca de vidrio impreso armado Nr. 521, compuesta de paneles sujetados lateralmente por perfiles metálicos (detalle en esta página, abajo). Las pantallas de separación entre los jardines de un grupo de casas en hilera en Benrath, en las proximidades de Düsseldorf **61,** también son de vidrio impreso armado.

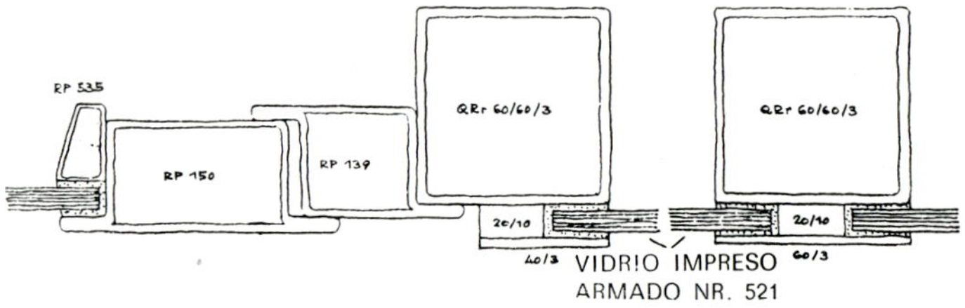


Cerca de vidrio. Arquitecto: August Schabram, Colonia (véase grabado **60**).

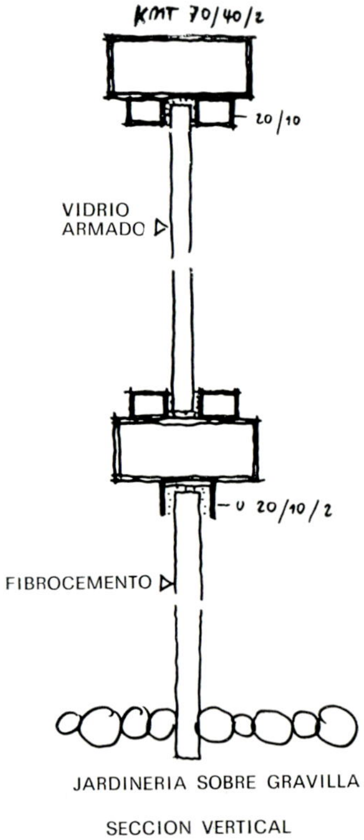


Abajo, a la derecha: protección óptica y contra el viento en el jardín de una casa unifamiliar. Arquitecto: Kröber, Rotemkirchen (véase grabado **58**).

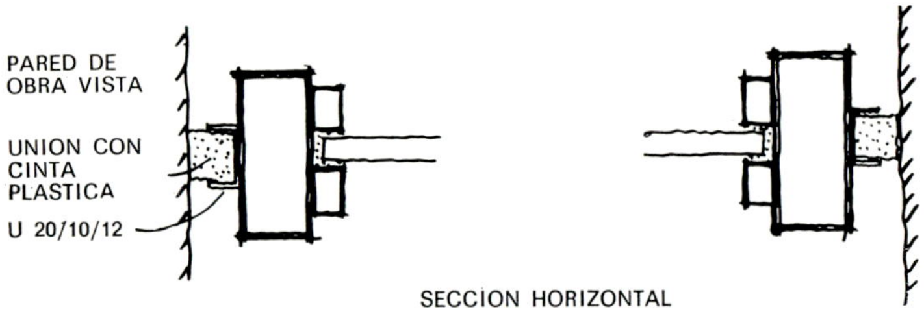

62

63

Para el pórtico de una villa en California, Neutra proyectó una pantalla de vidrio con una estructura vista portante, compuesta por pies metálicos aislados, **62, 63** (expresión fundamental de su lenguaje arquitectónico). El vidrio empleado es translúcido y de superficie marcadamente perfilada.

**Muros de ladrillo**

Las franjas de hormigón acentúan las juntas de un muro de ladrillo de grandes dimensiones. Su severa estructura, de ladrillos a soga y a tizón, alternando en cada hilada, desaparece gracias al vivaz reticulado de amplias juntas. Este muro singular, **64,** cierra el patio de un motel en Olympia; el proyecto es de Aris Konstantinidis, Atenas.

64

El empleo de elementos iguales se presta a crear composiciones acompasadas y plásticas. El grabado **65** muestra un muro de ladrillos inclinados, superpuestos cada dos hiladas. Este aparejo es sencillo y uniforme (véase página 22) y no perjudica la estabilidad. El juego de luz y sombra varía con la posición del sol.
El aparejo puede constar de intervalos de mayor tamaño, consiguiéndose entonces composiciones más plásticas y dinámicas. El coronamiento de todos los muros de fábrica de ladrillo con aparejo en ángulo es problemático, porque su forma no armoniza con el dinamismo que ofrece la estructurada superficie del muro.
El ejemplo **66** muestra una mampara de protección perforada, construida con ladrillos de tamaño normal, encalados posteriormente. El aparejo se caracteriza por el cambio entre hiladas de ladrillos a soga y a tizón y la falta de la mitad de los tizones. Aberturas de mayor tamaño pueden conseguirse con un aparejo compuesto de dos hiladas a tizón y una a soga (véase el dibujo de la página 22). Si se desean menos aberturas, entonces éstas pueden practicarse únicamente en la hilada a soga, y a una distancia de ladrillo y medio; véase el ejemplo **68.**
En contraposición a los ejemplos anteriores, véase un muro no ornamental, **67.** Su sencillez es convincente; sólo se atiene a su función: la proporcionada y acogedora delimitación volumétrica.

65

66

67

68

69

En el ejemplo **69** se ha construido la corona del muro como elemento independiente que destaca del conjunto. Su composición no es buena. Logrados ejemplos de este tipo de construcción son poco frecuentes. La idea de poner de relieve los distintos elementos funcionales del muro (obra, pilar, corona), utilizada muy a menudo hasta la segunda década del presente siglo, encuentra hoy poca aceptación entre los arquitectos.

70

Buenos ejemplos de cercados se encuentran con frecuencia en exposiciones de jardinería. Una de ellas, grabado **70,** que tuvo lugar en Hamburgo hace unos años, muestra un muro de fábrica de ladrillo en perfecta armonía con el ambiente que le rodea; es un ejemplo, totalmente distinto al anterior, en el que se ha evitado cualquier diferenciación. La corona del muro, compuesta sólo de una hilada de ladrillos a sardinel, apenas resulta perceptible. Se renunció a las medidas constructivas pertinentes, a evitar las manchas que se aprecian en su superficie para crear una composición sencilla y uniforme. Este modo de proceder no es recomendable, sobre todo si se trata de soluciones que exijan larga duración. Las consecuencias son desperfectos, o, como mínimo, eflorescencias. Los muros de fábrica de ladrillo, grabado **71,** de la exposición de jardinería que tuvo lugar en Oslo en el año 1965 muestran un coronamiento sin cambio de aparejo en la última hilada, todavía menos protector que el anterior. Su forma acentúa el transcurso del vial. Su perspectiva indica claramente la dirección y el alejamiento de cada punto; ambos muros de distinta altura definen un espacio bien proporcionado.

71

72

73

74

75

En una casa unifamiliar situada en las cercanías de Madrid se levanta un muro escalonado de ladrillos de cal y arena, **72.** El clima permite renunciar a un coronamiento impermeable. (En este capítulo se tratará también de los ladrillos de cal y arena de tamaños normalizados, por ser sus problemas técnicos y arquitectónicos parecidos a los que se presentan con los ladrillos cocidos.) En la lluviosa Escandinavia, Torben Stockholm resolvió el problema de la impermeabilización superior con una hoja de cartón de tejado debajo de la hilada de ladrillos a sardinel, **73.** El cartón que sobresale desvía el agua, evitando que las blancas caras laterales del muro se ensucien.

Para cerrar este capítulo daremos aún algunos ejemplos de delimitaciones volumétricas, urbanísticamente bien resueltas, con muros de ladrillo y de cal y arena. En el conjunto de casas con atrio de Reinhard Gieselmann, en Karlsruhe, **74** y **75,** se

76

77

partió de la idea de dar transparencia a los cercados, y al mismo tiempo conferirles igual carácter que a las paredes exteriores cerradas, con el fin de que los espacios exteriores así delimitados recibieran por todos lados un cerramiento similar y equivalente. Tanto las fachadas de las casas como los muros de los cercados están construidos con el mismo material (ladrillo de cal y arena) y presentan un coronamiento de hormigón de igual altura. En el grupo residencial **78,** arquitectónicamente no demasiado notable, la pared continua, que forma la fachada y el cercado, indica la transición del vial para tráfico rodado al destinado para peatones.

El principio opuesto, es decir, la acentuada diferenciación en paredes exteriores de la casa y muro del cercado se pone de manifiesto en la «New Town» escocesa de Cumbernauld, **76** y **77.** Los retranqueos dan al muro, de sólo medio ladrillo de espesor, la misma estabilidad que darían pilares del mismo material. El coronamiento de elementos de hormigón prefabricado es sencillo y funcional.

78

## Obra de fábrica de piedra

Ninguna técnica de construcción de paredes y muros exige mayores conocimientos que la que debe emplearse en obras de fábrica de piedra. Ningún otro material exige tanta sensibilidad para usarlo debidamente. El ejemplo **79** muestra un muro compuesto de piedras calizas jurásicas, procedentes de la cantera y labradas. Las juntas de mortero, posteriormente rejuntadas, están retrasadas 1 cm (arquitecto: Helmut Schöner, Munich).

79

80

81

82

83

Otro ejemplo de gran calidad técnica y arquitectónica del mismo arquitecto es la fábrica de sillarejo rectificado con martillo (mampostería por hiladas) y rejuntado de mortero, que muestra el grabado **80.** El material (piedra caliza del Tirol) fue escogido detenidamente desde un principio. Las juntas horizontales y verticales aproximadamente están en ángulo recto.
La mampostería en seco de los ejemplos **81** y **82,** proyectados también por el mismo arquitecto (y su puesta en obra vigilada también por él) se compone de piedra caliza alpina (más dura que la citada anteriormente). Las dos caras inclinadas de ambos muros encierran un espacio de sección triangular, rellenado durante la construcción con cascotes del mismo material. Grandes y pesadas piedras forman el cerramiento superior.

Perfección técnica y alta calidad arquitectónica, es decir, elección del material, forma y armonía con el paisaje son las características inherentes a los ejemplos mostrados hasta ahora en este capítulo. La mera observación de los principios que rigen la puesta en obra no conduce a buenas soluciones. Con ejemplos técnicamente perfectos, pero exentos de valores estéticos, se podría llenar un libro.
La técnica actual ofrece múltiples posibilidades constructivas y una libertad ilimitada. Ésta conduce muchas veces a soluciones que hacen añorar las limitaciones de antaño; pero unos efectos arquitectónicos como los logrados en la casa de reposo, **83,** emplazada en las pedregosas montañas de Galilea, no serían posibles sin el hormigón. La estructura de las paredes y muros se identifica con el carácter del paisaje colindante. La mampostería en seco sin hiladas ha servido de encofrado para el hormigón interior, vertido posteriormente.

84

H. Kunikata rodeó la casa unifamiliar en Tokio, **84,** con un sistema de muros de piedra de diferentes alturas y construcción similar. En ambos ejemplos no se intenta simular una construcción artesana; se logran soluciones que son producto de las múltiples posibilidades con que puede jugar hoy día la imaginación personal.

La mampostería de la capilla ardiente en Neureuth, **85** y **86,** es de piedra de río y carece también de aparejo tradicional. La convincente uniformidad del conjunto, resultado de un idéntico tratamiento de las paredes del edificio y de los muros de los cercados, no se hubiera podido conseguir siguiendo prescripciones constructivas tecnológicas. Arq.: Rainer Disse, Karlsruhe.

85

86

87

88

Los bajos muros de la casa unifamiliar de dos plantas en Tsujido, Japón, también son de piedra de río, **87.** Su material y estructura se repite como motivo en la planta baja y forman, con la construcción de madera, unidad armónica. Arquitecto: W. Nagamatsu.

Muros de una casa unifamiliar en EE. UU., **88.** Arquitectos: Marcel Breuer y Herbert Beckhard. Nueva York.

La mampostería a seco sin aparejo, compuesta de mampuestos o de cantos rodados, es una antigua forma constructiva que se ha conservado en Escandinavia como irrenunciable tradición. El grabado **89** muestra este tipo de cercado como delimitación de un cementerio construido recientemente. A lo largo del muro se ha plantado un seto que recubrirá la obra de piedra dentro de unos años. Arquitecto de jardines: Gunnar Martinsson.

Este ejemplo pone de manifiesto el significado que la naturaleza, en armonía con el muro, tiene en algunos tipos de cercado. Las juntas de la mampostería a seco dejan espacio para que las raíces de diversidad de plantas puedan arraigar. La jardinería del ejemplo **90** otorga al muro una extraordinaria belleza. También es factible, durante la puesta en obra, dejar espacios huecos, distribuidos irregularmente, que rellenos de humus servirán de era para plantas o semillas. La jardinería dispuesta junto al muro permitirá una posterior simbiosis entre naturaleza y construcción.

89

90

91

92

Esto no significa que las plantas tengan que crecer necesariamente en la obra. En la estructura totalmente cerrada del muro de protección del grabado **91,** las raíces no podrían arraigar. Sin embargo, la obra de piedra forma parte integrante del jardín; la ausencia de zócalo permite que el césped crezca junto al muro; los setos de poca altura y las ramas de los árboles frutales bastan para crear unidad.
Para la construcción de una casa unifamiliar en Tessin, **92,** se precisaron muros de contención, que permitieran crear una superficie llana en el terreno muy inclinado y formar además el elemento de transición entre la jardinería y la naturaleza del paisaje. La mampostería ordinaria con coronamiento irregular produce un efecto convincente. Arquitecto: Giovanni Dall'Antonia, Castagnola.
El ejemplo siguiente muestra un arcaísmo más acentuado. El desnivel del terreno ha sido contenido por medio de cantos rodados de granito, empotrados en su cara lateral, **93.** En las juntas se han plantado semillas de césped. La corona del muro está poblada de setos y flores. Arquitecto de jardines: Eywin Langkilde, Copenhague.
En terrenos montañosos los muros de contención se construían, ya desde tiempos pasados, con piedras procedentes de la cantera. Los grabados **94** y **95** muestran este tipo de mampostería en seco junto a una escalera de jardín y cerca de una carretera alpina. Especialmente bello es el rejuntado con pequeños cascotes del mismo material.

93

94

95

96

Progresivamente, desaparece el empedrado de las calles para ser reemplazado por los modernos pavimentos de hormigón. Con esto, el arquitecto de jardinería tiene la posibilidad de adquirir un bonito y preciado material, muy caro si fuese de reciente utilización, a precios relativamente bajos. El adoquín une las ventajas de exactitud de tamaño, propiedad inherente a los materiales artificiales, con la belleza propia de un material natural. El ejemplo **96** muestra una solución muy lograda, empleándose tanto para adoquinado como para muro de contención. Sus prolongaciones tangenciales, que parten de cada hilada, forman los peldaños de la escalera, de forma también semicircular, terminando en un talud de poca pendiente. Arquitecto de jardines: Troels Erstad, Copenhague.

Para concluir —con el fin de mostrar las lejanas limitaciones a que está supeditada la piedra— todavía presentaremos dos formas especiales, que propiamente no pueden recibir el nombre de muros, pero que, por su material, pertenecen al tema «Obra de fábrica de piedra». La transparencia y forma del empalizado de granito, **97,** recuerda las cercas de madera.

Para los jardines del Garden Grove Church, **98,** Richard Neutra proyectó un muro cuya superficie muestra una estructura de piedra, que, por su aparejo de hiladas verticales, no ofrece el aspecto de una obra de albañilería. Su función, totalmente óptica, es crear con la luz solar un interesante juego de luz y sombras, que se refleja en la superficie del agua.

98 ▷

97

## Muros de hormigón

El hormigón no presenta limitaciones a la fantasía creadora. Los ejemplos siguientes sólo representan una pequeña parte de las innumerables posibilidades. Ya por sí sólo, el tema hormigón lavado ofrece ilimitadas variaciones utilizando áridos de diferentes tipos, desde los más finos hasta los de mayor tamaño, que recuerdan una obra de fábrica de piedra. El ejemplo **99** muestra un muro de hormigón lavado, con grava de río como árido.
Una evolución del hormigón lavado es el «hormigón natural» ideado por el arquitecto noruego Viksjö, **100.** El encofrado se llena con grava lavada y por medio de tubos introducidos horizontalmente se inyecta mortero de cemento a alta presión (eventualmente con adiciones de colorantes). Una vez el mortero ha fraguado se puede desencofrar. El hormigón, todavía blando, se

99

trabaja con el soplador de chorro de arena, pudiéndose crear con él las más variadas composiciones.
El uso de retardadores de fraguado, llevados sobre las caras interiores del encofrado, facilita en gran manera la construcción del hormigón lavado. Su empleo ofrece la posibilidad de desencofrar cuando el muro ya puede admitir los esfuerzos estáticos, pero su superficie todavía no ha endurecido. Entonces por lavado se puede desprender fácilmente la capa superficial de cemento, quedando el árido al descubierto.
El ejemplo **101** muestra una estructura de hormigón lavado, construida por este método, junto a otra de hormigón visto en bruto. El encofrado del hormigón lavado fue impregnado con un retardador de fraguado, que facilitó la operación de lavado. El encofrado del hormigón visto no recibió tratamiento alguno, fraguando, por tanto, antes de la operación de lavado de la superficie contigua; de esta forma se evitaron desperfectos en su superficie, los cuales hubieran excluido la exactitud que presenta el canto formado por ambas estructuras.

100

101

102

Si se renuncia a un tratamiento posterior, el encofrado determina la estructura del muro. La forma de su cara interior es la negativa de la que resulta en la superficie del muro. Cada material, y casi cada forma y estructura, es posible como encofrado. Los encofrados de madera (madera de pino aserrada o acepillada) proporcionan, sin un encarecimiento considerable, múltiples soluciones de gran belleza. La fotografía **102** muestra el cercado del patio de una casa en Japón cerca de Osaka (arquitectos: Junzo Sakakura y asociados).

103

104

El arquitecto de jardines israelí Zvi Miller proyectó el cercado de un jardín, **103,** a base de placas superpuestas de hormigón «in situ», alternando encofrados de tablas de madera con otros revestidos con esteras de caña. El efecto es asombroso.
El ejemplo **104** muestra un muro de contención de hormigón en las Dolomitas italianas. El encofrado consta de troncos de madera. Esta serie de ejemplos, construidos a base de encofrados especiales, podría proseguirse indefinidamente; por este motivo se ha preferido ofrecer al lector una resumida vista de conjunto.

105

106

107

A continuación, algunos ejemplos de acertada composición volumétrica con muros de hormigón visto. Los cercados, de sencilla estructura, del grabado **105** fueron encofrados con tablas de madera, acepilladas, colocadas verticalmente; los peldaños son de hormigón lavado prefabricado. El ovalado muro de protección de una zona de estar al aire libre en la Iga de Hamburgo fue construido con un encofrado de estrechas tablas, colocadas también verticalmente; su superficie fue posteriormente pintada en blanco, **106.**

Los arquitectos Kammerer y Belz, de Stuttgart, proyectaron una escuela sobre un difícil terreno inclinado, donde la unión entre topografía y arquitectura fue resuelta de forma muy lograda a base de muros de hormigón visto, **107** a **109.** Su forma redondeada, **107** —encofrado de tablas verticales aserradas—, acentúa la situación de la entrada principal. La singular estructura del muro de protección de una clase al aire libre, **109,** tuvo un encofrado de tableros normalizados con perfiles de madera fijados en su cara interior; éstos grabaron las cavidades sombreadas que se aprecian en la fotografía. El grabado **108,** contemplado desde la falda de la pendiente, muestra claramente el sistema de muros de hormigón visto que rodean la edificación y el escalonamiento del terreno.

108

109

110

111

El grabado **110** muestra un muro de hormigón visto del jardín de la casa de un arquitecto en Munich, encofrado con tablas acepilladas, colocadas horizontalmente. Arquitecto: Herbert Groethuysen.
Los encofrados de placas perfiladas metálicas o sintéticas ofrecen muchas posibilidades de composición, **111.** Todos dan por resultado una superficie lisa, neutra, poco parecida a la estructura característica del hormigón, que, además, asimila completamente el carácter del material del encofrado.

112

Para finalizar, daremos algunas formas especiales: elementos de hormigón visto dispuestos en forma de empalizadas y cimentados independientemente, producen los mismos efectos que los cercados de madera, **112** y **113.** Los elementos del ejemplo **112,** colocados oblicuamente, que recuerdan la estructura de un partesol de láminas, protegen totalmente una parte del jardín de las miradas ajenas. Mejor solución hubiera sido una dirección perpendicular a la existente, porque la zona cubierta emplazada frente a la piscina es totalmente visible desde el exterior.

El proyecto de Hans Nagel para el patio de la Oficina estatal de Sanidad en Mannheim, **114,** es de gran calidad. Si por motivos económicos no es posible contratar a un renombrado escultor, es más aconsejable conformarse con una estructura de hormigón visto, cuya construcción está al alcance de cualquier albañil.

113

114

**Elementos de hormigón ligero o pesado**

En los últimos años se ha llevado a cabo un considerable desarrollo en la técnica del encofrado; nuevos métodos permiten tiempos de fraguado mínimos; aglomerados de hormigón gaseoso y ligero resuelven no sólo problemas de aislamiento térmico, sino que también permiten la puesta en obra de elementos de hormigón de mayor tamaño, sin ayuda mecánica. Actualmente, no sólo se emplea el hormigón «in situ», sino también, y cada vez con más frecuencia, elementos prefabricados en serie por la industria. En este capítulo, la intención del autor es mostrar una serie de ejemplos, construidos a base de pequeños elementos, que no prescriben una estructura determinada —como en los encofrados con tablas normalizadas— sino que, por el contrario, ponen a disposición del arquitecto una amplia gama de posibilidades.

115

116

La posibilidad más sencilla la ofrecen los aglomerados de hormigón gaseoso, hasta ahora sólo empleados como obra revocada. Precisamente, su superficie aserrada, para conseguir una mayor adherencia del mortero, presenta una estructura de gran atractivo, **115.** El uso de materiales sintéticos para el encofrado permite construir las formas más diversas y complicadas. Los elementos de hormigón de color blanco que componen el muro del grabado **116** forman una superficie transparente, muy adecuada para cercados y jardines. Con setos o plantas trepadoras pueden crearse en él superficies translúcidas (dejan pasar la luz, pero impiden la visibilidad).

Los bajos muros del ejemplo siguiente, **117,** construidos con ladrillos de hormigón de pómez, armonizan perfectamente con el jardín. Las paredes exteriores del estadio de Kampala (Uganda), proyectado por los arquitectos Peatfield y Bodgener, se componen de piezas, de un cuarto de circunferencia, que se fabrican para canalizaciones, **118.** Con su espesor de pocos centímetros, goza de gran estabilidad gracias a su forma ondulada.

117

118

119

120

El arquitecto de jardines Hermann Birkigt, de Düsseldorf, proyectó el muro de protección de un jardín destinado a juegos infantiles, **119,** con elementos perforados de hormigón, de forma cuadrada. El muro de protección de un patio, **120,** consta únicamente de elementos con perfil en U. Cada dos elementos forman cuerpos rectangulares, rejuntados horizontalmente. Arquitectos: Horst Fink, Gerhard y Hermann Scherzer; arquitecto de jardines: Hermann Thiele; todos ellos de Nuremberg.

121

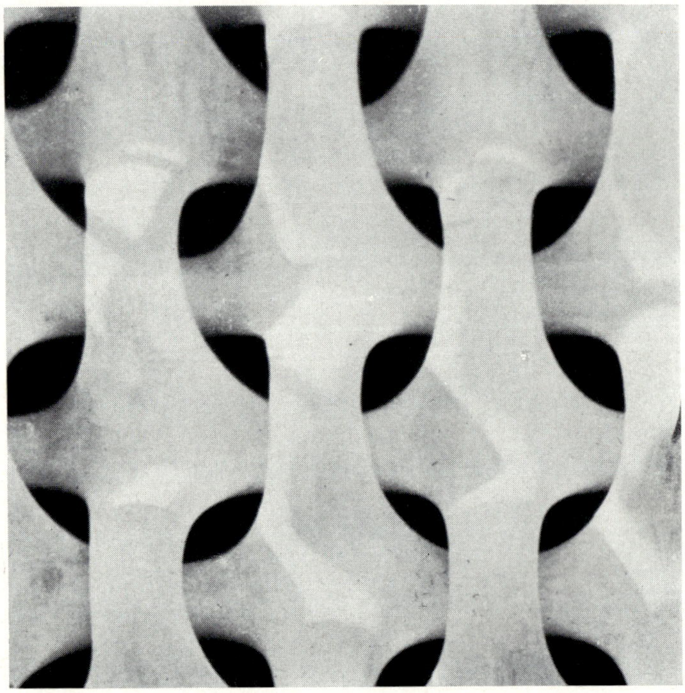

122

123

Poco después de la guerra, el escultor Erwin Hauer, hoy residente en EE. UU., se dedicó muy intensamente al estudio de composiciones tridimensionales.
Los arquitectos Schweikher y Elting emplearon un elemento diseñado por Hauer para la construcción de un muro de protección, **122,** emplazado junto al Language Center de la universidad de Vassar. El entramado que muestra la ilustración **121** se compone de elementos de hormigón; una mano de pintura ha hecho desaparecer las juntas.
La estructura de entramado del grabado **123** (proyecto de este ejemplo como del anterior: Erwin Hauer) fue fabricada en el año 1953 en una pequeña serie; en la actualidad, su forma exigente todavía no resulta anticuada.

124

125 △

▽ 126

127

Los primeros proyectos de entramado tridimensional —que es como se debería llamar a los muros construidos con elementos tridimensionales de hormigón— fueron construidos con elementos que sólo muy limitadamente permitían crear otras composiciones.
Los arquitectos y arquitectos de jardines ya no se conforman con aceptar proyectos acabados, en los que sólo falta por determinar anchura y altura. Por este motivo se crearon nuevos elementos como el que aparece en los grabados **124-127,** escogido aquí como ejemplo para representar un número de productos todavía pequeño que la industria ha lanzado al mercado en los últimos años. Con un solo elemento se pueden construir 45 estructuras completamente distintas (véase explicaciones técnicas y dibujos en página 31). El «elemento tridimensional», como lo llamó su descubridor Herwig Neumann, ha sido creado partiendo de un tetraedro y se fabrica con hormigón (B 300) en moldes de acero.

El grabado **124** muestra una combinación con elementos girados 45° respecto al eje del muro, lográndose así la máxima transparencia; la estructura es completamente opaca bajo un ángulo visual de 90° respecto al anterior. Un acertado aprovechamiento de estas propiedades permite una protección total contra miradas ajenas sin reducir considerablemente la entrada de luz.
La siguiente construcción, **125,** consta asimismo de elementos girados respecto al eje del muro. Los dos ángulos de giro, 30 y 60°, otorgan una elevada protección bajo cualquier ángulo visual. Sin embargo, la superficie total de las aberturas es la misma que la del ejemplo anterior.
El grabado **126** muestra una estructura, bastante cerrada y de aspecto tranquilo, de 39 cm de espesor, compuesta de dos superficies que se apoyan entre sí. Los elementos, de superficie cóncava, de una cara están girados 90° respecto a los mismos de la otra.

129

◁ 128 130 ▷

El ejemplo **127** muestra una superficie de gran dinamismo. Su montaje es muy sencillo por carecer su estructura de elementos girados respecto a otra superficie. Las aberturas de los elementos alternan hacia arriba y hacia abajo (dibujos constructivos de las composiciones mostradas y también de otras en página 32).
Una de las más prominentes estructuras de este tipo, en armonía con la edificación, es el muro que muestra el grabado **128,** del estadio olímpico de la ciudad e Méjico, de Pedro Ramírez Vázquez y Rafael Mijares A., Méjico.
Para la construcción de escaleras, caminos y terrazas de jardines se utilizaban hasta ahora los tradicionales elementos de forma cúbica rejuntados con mortero. Pero la necesidad del empleo de aparejos en seco para construcciones al exterior —sea, por no poder cimentar hasta una profundidad libre de heladas o por previsibles cambios o variaciones futuras— limita sus posibilidades de empleo, porque estos elementos debido a sus lisas superficies se desplazan fácilmente si no están rejuntados con mortero. La mampostería en seco compuesta de piedras procedentes de cantera forma un aparejo más seguro gracias a las desigualdades de sus superficies que crean una trabazón natural. Se trataba, pues, de fabricar un elemento que sin mortero permitiese un aparejo estable. Los elementos de hormigón pesado B 300 creados por Herwig Neumann (véase dibujos página 33) gozan de estas propiedades. Sus formas permiten el endentado de todas las superficies de contacto.
Estas estructuras gozan de un amplio campo de aplicación: muros de contención, cercados, escaleras para jardines, encofrados, etc. Su mayor ventaja es la ausencia de cimentación, bastando una capa de gravilla de 10-20 cm de espesor; su estructura admite los asentamientos del terreno sin formación de grietas. Los grabados **129** y **130** muestran, como ejemplo de las múltiples posibilidades de utilización, un jardín escalonado con muros de contención, escaleras y cercados junto a una edificación de casas escalonadas en Friburgo. Arquitecto: Günther Balser.

132

133

◁ 131

134

Para finalizar, un proyecto que entra a formar parte de este tema con el fin de poner de manifiesto una vez más las numerosas posibilidades de utilización; por otra parte también muestra los caminos que en el futuro podría seguir la cerca y el muro, siempre y cuando sigan usándose.
El dibujante Walter Zeischegg no pensaba en cercados o muros ni en otras posibilidades de empleo cuando conjuntamente con Erwin Hauer (véase página 101) en los años 1947-1948 empezó a dedicarse al estudio de las superficies laminares y estructuras de entramado. Luego, al cabo de aproximadamente quince años, en 1963, Zeischegg, como profesor de la Escuela Superior de Bellas Artes de Ulm, volvió a ocuparse del citado tema, creando dos elementos que permiten disposiciones bi- y tridimensionales. El primero, representado en el grabado **134;** el segundo, representado en los grabados **131** y **133** ambos forman disposiciones bidimensionales.
Estos elementos pueden fabricarse en serie a base de hormigón normal o también de hormigón de resina en moldes de resina sintética. Las primeras pruebas acerca de sus resistencias a la presión y a la tracción dieron muy buenos resultados.

## LA ARQUITECTURA Y EL SOL

**PROTECCION SOLAR DE LOS EDIFICIOS**

por **ERNST DANZ**

*Un volumen de 152 páginas, de 26 × 23 cm, con 291 grabados.*

El presente libro ofrece a los arquitectos y contratistas un compendio, que faltaba hasta ahora, sobre todas las cuestiones relacionadas con una eficaz protección solar. En una comprimida introducción son tratados problemas generales, como por ejemplo, economía, radiación y acumulación de calor ante fachadas de diferentes materiales, mantenimiento y construcción de instalaciones mecánicas, etc.

## CONSTRUCCIONES EN HORMIGON VISTO

por **BÄCHER-HEINLE**

*Un volumen de 170 páginas, de 30 × 22 cm, con 186 fotografías y numerosos detalles.*

Profusamente ilustrado, este libro muestra 80 ejemplos de la utilización que del hormigón visto han hecho arquitectos e ingenieros como Le Corbusier, Frank Lloyd Wright, Kenzo Tange, Kunio Mayekawa, Pier Luigi Nervi, etc.
Se incluyen datos particulares sobre la composición del hormigón y ejecución del encofrado, y unas «indicaciones generales para el proyecto y realización de obras en hormigón visto», que constituyen una respuesta a las cuestiones que plantea la práctica de obra.

## ARTE DE PROYECTAR EN ARQUITECTURA

por **ERNST NEUFERT**

Traducción de la 21.ª edición alemana
12.ª edición, **totalmente revisada y puesta al día**

*Un volumen de 452 páginas, de 31 × 23 cm, con 5000 grabados.*

La obra del profesor Neufert, única en su género, resume magistralmente todas las reglas para proyectar construcciones y los fundamentos para dimensionar locales y edificios, poniendo a disposición del proyectista las orientaciones y datos necesarios para el cumplimiento de su cometido sin que se vea obligado a la consulta de gran número de obras ni a la comparación de construcciones ejecutadas similares a aquella cuyo proyecto se desea redactar.
Esta obra presenta, pues, la gran ventaja de resumir en un solo libro todo lo necesario para proyectar y construir.
El Arte de proyectar en Arquitectura, o el Neufert como vulgarmente se le llama en todo el mundo, es uno de los libros técnicos de más brillante historia de nuestro tiempo.

## INDUSTRIALIZACION DE LAS CONSTRUCCIONES

por **E. NEUFERT**

*Un volumen de 328 páginas, de 31 × 23 cm, con 1.144 grabados.*

Esta obra comprueba cómo la mayoría de los valores aceptados por la práctica en todos los países del mundo encajan perfectamente en las series y cómo los conjuntos medidos con dichos números lo hacen perfectamente entre sí. Presenta numerosos ejemplos, de obras ya realizadas, de acuerdo con la unificación que constituye la base de las nuevas normas alemanas sobre la construcción, y su aplicación en establecer medidas normalizadas.

## MANUAL DEL AMIANTO - CEMENTO

**PLACAS ONDULADAS ETERNIT-URALITA**

por **E. NEUFERT**

*Un volumen de 228 páginas, de 29 × 21 cm, con más de 500 grabados y 36 láminas a base de fotografías.*

Esta nueva obra del profesor Ernst Neufert tiene como finalidad esencial proporcionar a los usuarios todos los conocimientos necesarios para el mejor empleo de las placas onduladas: elección del tamaño más conveniente según las circunstancias, preparación, colocación y entretenimiento. Asimismo, se da noticia de las placas onduladas transparentes de C. P. V., de cristal alambrado y de plexiglás y su combinación con las placas onduladas normales, y toda clase de accesorios, como canalones bajantes, lumbreras, dispositivos de ventilación, pasarelas, pararrayos, alambres tensores, etc.

## EDIFICACIONES INDUSTRIALES - EJEMPLOS INTERNACIONALES

por **W. HENN**

*Un volumen de 372 páginas, de 30 × 21 cm, con 1400 grabados que reproducen fotos y croquis de alzados y plantas.*

En este libro se ofrece un conjunto de 140 edificaciones industriales que pueden calificarse de modélicas. Casi todos los países europeos están representados con típicas instalaciones de industrias. De ultramar, han merecido especial atención, asimismo, Estados Unidos, Australia y Japón, incluyéndose algunos ejemplos de Iberoamérica y Africa del Sur. Hay ejemplos de más de cien arquitectos de renombre internacional.

## EDIFICACIONES INDUSTRIALES - PROYECTOS Y CONSTRUCCIONES

por **W. HENN**

*Un volumen de 440 páginas, de 30 × 21 cm, con más de 4.000 grabados.*

Presenta este libro, compilados en forma de atlas para proyectos y construcciones, centenares de ejemplos de edificios y de detalles constructivos, la mayor parte de los cuales pertenecen a obras realizadas y a elementos industrializados. Estos ejemplos se exponen mediante excelentes dibujos a escala, en planta, alzado y sección, o en perspectiva, y en textos explicativos de sus características, redactados con gran claridad y precisión.

## TRATADO DE CONSTRUCCION

por **H. SCHMITT**

4.ª edición.

*Un volumen de 560 páginas, de 29 × 22 cm, con 3.530 grabados y 100 tablas numéricas.*

De verdadera enciclopedia de la construcción en un volumen debe calificarse esta importante obra, la cual facilita todos los conocimientos y datos prácticos de la materia en textos muy sucintos y concretos y con numerosísimas figuras.
El autor trata de enseñar el arte de la construcción mostrando los fundamentos en cada tema constructivo, prescindiendo en cambio de construcciones y ejemplos chocantes.

## FONTANERIA E INSTALACIONES SANITARIAS

por **E. BRIGAUX** y **M. GARRIGOU**

2.ª edición. *Un volumen de 560 páginas, de 25 × 17 cm, con 425 grabados y numerosas tablas y ábacos.*

Este libro trata de los problemas de distribución, utilización y evacuación del agua en el interior de los edificios, así como de los problemas íntimamente ligados a estas cuestiones, como son las distribuciones de gas para el calentamiento de aquélla, etc. Contiene ábacos, tablas numéricas y fórmulas que permiten dimensionar de una manera práctica los elementos de la instalación. El manejo de los mismos queda aclarado con la resolución de algunos problemas con datos y valores que corresponden a los que comúnmente se presentan en las instalaciones de este tipo.

## HORMIGON ARMADO

por **J. JIMENEZ MONTOYA**

3.ª edición ajustada a la nueva instrucción española. *Dos volúmenes de 28,5×21 cm, con 920 págs. y 320 ábacos y tablas de cálculo.*

Este libro constituye la primera obra en Europa sobre hormigón armado, redactada de acuerdo con las Recomendaciones Prácticas del Comité Europeo del Hormigón de 1968. Se adapta también a la nueva instrucción española. Es un libro imprescindible, tanto para el proyectista, como para los alumnos de las Escuelas Técnicas y Universidades, en varias de las cuales ha sido adoptado de texto.

## MATERIAL, ESTRUCTURA, ORNAMENTO

por **H. P. DOLLINGER**

*Un volumen de 180 páginas, de 29 × 25 cm, con 80 láminas a toda página, con sus correspondientes textos explicativos.*

El libro que presentamos ahora a nuestros lectores es una compilación de ejemplos internacionales que demuestran, tanto la importancia de los nuevos conceptos y materiales, como el valor ornamental que éstos puedan adquirir con un tratamiento consciente y adecuado. No dudamos que los arquitectos hallarán en esta obra el mejor estímulo para proseguir adelante, sin cometer el error de creer que, en arquitectura contemporánea, ya todo está decidido y resuelto.